DIE SIRENEN AUS DEM OLIGOZÄN DES LINZER BECKENS (OBERÖSTERREICH), MIT AUSFÜHRUNGEN ÜBER „OSTEOSKLEROSE" UND „PACHYOSTOSE"

VON

FRANZ SPILLMANN, LIMA

(MIT 34 ABBILDUNGEN UND 4 TAFELN)

Inhalt:

	Seite
Vorwort	3
A. Die Sirenen aus den Linzer Sanden	
I. Die Fundstellen	3
II. Das Fundmaterial	8
B. Die geologischen Verhältnisse der Fundstellen fossiler Sirenenreste in der Umgebung von Linz	8
C. *Halitherium pergense* (TOULA)	
I. Allgemeine Betrachtungen	11
II. Beschreibung der Sirenenreste aus Perg in O-Österreich	
Das Schädelfragment	12
III. Zusammenfassung	16
D. *Halitherium christoli* FITZINGER	
I. Material	17
II. Allgemeine Bemerkungen	18
III. Beschreibung der Sirenenreste aus den älteren Linzer Sanden	
a) Die Schädelfragmente	19
b) Der Unterkiefer	31
c) Knochen der Vorderextremität	35
E. *Halitherium abeli* spec. nov.	
I. Allgemeines	36
II. Die Sirenenreste aus den jüngeren Linzer Sanden	
a) Die Schädelfragmente	37
b) Die Knochen von Vorderextremität, Sternum, Rippen und Wirbel	46
III. Zusammenfassung und Systematik	53
F. Das Knochenskelett der Sirenen in histologischer Hinsicht und das Problem der Pachyostose und Osteosklerose	
I. Allgemeines	55
II. Die Histologie der Sirenenknochen	57
G. Die Lebensweise der Sirenen aus den Linzer Sanden	62
H. Zusammenfassung	64
I. Literatur	65

ISBN 978-3-211-86242-1   ISBN 978-3-7091-5786-2 (eBook)
DOI 10.1007/978-3-7091-5786-2
Reprint of the original edition 1947

Vorwort

Sirenenreste sind in Tertiärablagerungen nicht selten. Die zahlreichen Funde, die in fast lückenloser Reihe aus den mediterranen Tertiärablagerungen vorliegen, haben es ermöglicht, die Stammesgeschichte der Sirenen zu rekonstruieren. Abgesehen von den morphologischen Veränderungen, die im Laufe der Phylogenese an Skelett und Gebiß feststellbar sind, kommt es zu Veränderungen im histologischen Bau der Knochen, die bisher nicht eingehend untersucht wurden. Dies war auch der Grund für Vorstellungen, wie sie etwa von SICKENBERG (1931) vertreten worden sind, die sich als hinfällig erweisen.

Das Skelett der Sirenen erfuhr schon frühzeitig im Laufe ihrer Entwicklungsgeschichte hinsichtlich des histologischen Aufbaues eine ganz eigenartige strukturelle Ausbildung, deren fortschreitende Entwicklung mit der Anpassung an das Wasserleben und in weiterer Folge an das Unterwasserleben im besonderen in Verbindung gebracht werden kann. Besonders die Thoracalregion ist davon betroffen. Diese sonderbare histologische Ausbildung des Sirenenskelettes ist, wie im folgenden nachzuweisen versucht wird, eine ganz spezifische Anpassungserscheinung an das Unterwasserleben dieser Tiere, die absolut nichts mit einer „Vererbung krankhafter Zustände", wie etwa der Osteosklerose oder Pachyostose, zu tun hat, einer Annahme meist sehr spekulativer Natur, die sich wie ein roter Faden seit Jahrzehnten durch die Fachliteratur zieht.

Die Sirenenreste aus den oligozänen Linzer Sanden sind bereits vor Jahrzehnten bearbeitet worden, doch waren noch unveröffentlichte Neufunde der Anlaß, diese Formen einer Neubearbeitung zu unterziehen. Diese Untersuchung erstreckte sich nicht nur auf die makroskopischen Merkmale, sondern auch auf den mikroskopischen Bau, die zu interessanten und in allgemeiner Hinsicht bedeutsamen Erkenntnissen führte.

A. Die Sirenen aus den Linzer Sanden

I. Die Fundstellen

Schon seit langer Zeit werden die Linzer Sande für bautechnische Zwecke abgebaut, weshalb in der näheren Umgebung der Stadt Linz eine Menge von Sandgruben erschlossen wurden. Meist erhielten sie ihren Namen nach den jeweiligen Besitzern, die aber im Laufe der Zeit öfters gewechselt haben, sodaß es heute zum Teil kaum mehr möglich ist, die Fundstellen älterer Ausgrabungen genauer zu lokalisieren, da selbst in den alten Stadtchroniken darüber keine genauen Aufzeichnungen vorliegen. So steht es unter anderem um die klassischen Funde vom April des Jahres 1839 in der sogenannten Sichenbauer-Gstätten, die, wie man mutmaßlich annimmt, die Sandgrube der Gebrüder Hatschek sein sollte. Nach älteren Aufzeichnungen einer Stadtchronik aber lag das Sichenbauer-Anwesen an der alten Straße von Linz nach Leonding, die seit jeher durch die obere Kapuzinerstraße führte. Es wäre daher nicht unwahrscheinlich, daß es sich um die allgemein bekannte und reichste Fundstelle fossiler Sirenenreste, nämlich um die Jungbauer- respektive Mayerhofer-Sandgrube oder um die schon längst aufgelassene Sandgrube handelt, wo sich gegenwärtig das Fabriksgebäude der Brauerei Aktiengesellschaft befindet, die als eine der ältesten und ergiebigsten Sandgruben von Linz rechter- und linkerseits der oberen Kapuzinerstraße gelegen ist. Ähnlich verhält es sich auch mit der Fundortsangabe der Prixenhäusl-Sandgrube und den allgemein gehaltenen Angaben „Sandlager bei Linz". Nur bei den neueren Aufsammlungen ist es möglich, den Fundort genau festzustellen.

Die zur Zeit am Linzer Landesmuseum vorhandene Sammlung fossiler Sirenenreste aus der näheren Umgebung der Landeshauptstadt von Oberösterreich zählt 60 Nummern, die von folgenden Fundstellen stammen:

1. Sichenbauer-Sandgstätten

Halitherium Christoli FITZINGER

1839 Unterkiefer mit beiden Ästen, der linke jedoch fragmentiert; rechts M_1 bis M_3, links M_1 u. M_2 (Sir. Nr. 1).
Original zu L. FITZINGER: Ber. Mus. Franc. Carol. Linz, 6, 1842; zu C. EHRLICH: Über die nordöstlichen Alpen, 1850 (sub *Halianassa collinii*) und zu C. EHRLICH: Ber. Mus. Franc. Carol. Linz, 15, 1855. R. LEPSIUS: Abh. mittelrh. geol. Verein 1882 und O. ABEL: Abh. geol. R. A. 1904.
1839 Rechtes Oberkieferfragment mit M^2. Original zu L. FITZINGER (Sir. Nr. 2).
1839 Letzter oberer Molar. Original zu FITZINGER (Sir. Nr. 3).

2. Prixenhäusl-Sandgrube

Halitherium Christoli FITZINGER

1854 Linke Skapula. Original zu C. EHRLICH: Ber. Mus. Franc. Carol. 1855 und O. ABEL: Abh. geol. R. A. 1904 (Sir. Nr. 7).
1854 21 Wirbel und 27 Rippen in situ. Original zu C. EHRLICH: Ber. Mus. Franc. Carol. 1855 und zu O. ABEL: Abh. geol. R. A. 1904 (Sir. Nr. 9).

3. Sandgrube Mayerhofer oder Jungbauer bei der Zentralkellerei in der oberen Kapuzinerstraße

Halitherium Christoli FITZINGER

vor { Diverse Rippenfragmente (Sir. Nr. 32, 41 u. 48).
1870 { Wirbelfragmente (Sir. Nr. 34).
1884 Zahlreiche Rippenbruchstücke (Sir. Nr. 33).
1888 Rippe (Sir. Nr. 21 ?).
1926 Schädel ohne Intermaxillarregion und beschädigte Schädelbasis mit beiden, jedoch stark fragmentierten Unterkieferästen (Sir. Nr. 11). Mus. Nr. 1926/394, 2 Rippenfragmente (Sir. Nr. 37 u. 38).
1928 2 Rippenfragmente und ein Mastoid (Sir. Nr. 36). Mus. Nr. 1928/82.
1900 Wirbel- und Rippenfragment (Sir. Nr. 45). Mus. Nr. 45.

4. Sandlager bei der Mathias-Pfarre, hinter der Zentralkellerei an der oberen Kapuzinerstraße (Scheinbar die Sandgrube Mayerhofer).

Halitherium Christoli FITZINGER

7 Rippenfragmente (Sir. Nr. 25 u. 46).

5. Sandlager in der Kapuzinerstraße (Anscheinend die Sandgrube Mayerhofer)

Halitherium Christoli FITZINGER

1888 Rippenfragmente (Sir. Nr. 26).

6. Sandlager der o. ö. Baugesellschaft in Linz

Halitherium Christoli FITZINGER

1901 Zahlreiche Rippenfragmente (Sir. Nr. 39).

7. Sandgrube in der Donatusgasse bei der Villa Reiß
(Gegenwärtig Villa des Dr. Beurle)

Halitherium Christoli FITZINGER

1927 Rippenfragment (Sir. Nr. 35).

8. Sandgrube der Gebrüder Hatschek
(Gegenwärtig Hatschek-Anlage am Weg zur Gugel)

Halitherium Christoli FITZINGER

1884 Rippenfragment (Sir. Nr. 44).

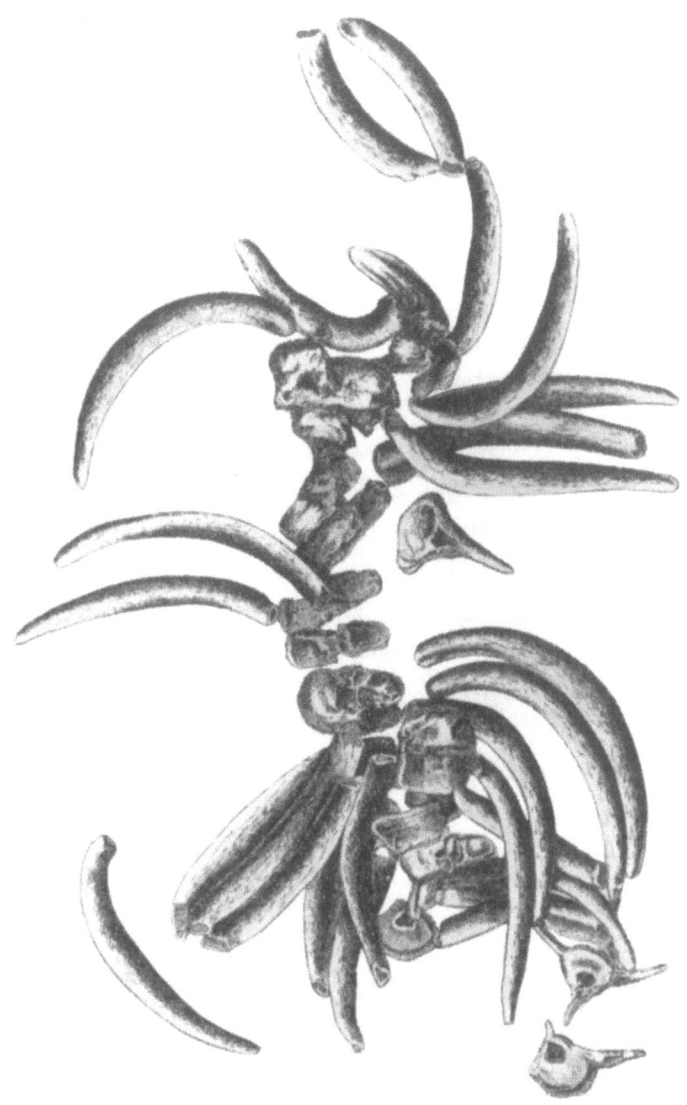

Abb. 1: Das Rumpfskelett von *Halitherium Christoli* FITZ. in seiner natürlichen Lage vor der Abhebung. Gefunden in der Prixenhäusl-Sandgrube bei Linz an der Donau. (1:9 nat. Gr.).

9. Lemoni-Sandgrube in der Sandgasse (Lemonikeller)

Halitherium abeli nov. spec.

1938 Kompletter Unterkiefer, Fragmente der Schädelbasis und Halswirbel (Sir. Nr. 59). Mus. Nr. 1939/257.

10. Sandlager von Linz

Halitherium Christoli FITZINGER

Alter Museumsbestand:
- Proximales Ende eines linken Humerus. Original zu O. ABEL: Abh. geol. R. A. 1904 (Sir. Nr. 4).
- Sternum. Original zu O. ABEL: Abh. geol. R. A. 1904 (Sir. Nr. 5).
- Craniales Fragment (Supraoccipitale und Parietale). Originial zu O. ABEL: Abh. geol. R. A. 1904 (Sir. Nr. 8).
- Diverse Schädelfragmente (Sir. Nr. 22, 23 u. 58).
- Knochenfragment (Sir. Nr. 28).
- Linker unterer M_3. Original zu O. ABEL: Abh. geol. R. A. (Sir. Nr. 6).
- Diverse Wirbelfragmente (Sir. Nr. 12, 13, 14, 15, 27 u. 47).
- Diverse Rippenfragmente (Sir. Nr. 16, 17, 18, 24 u. 40).

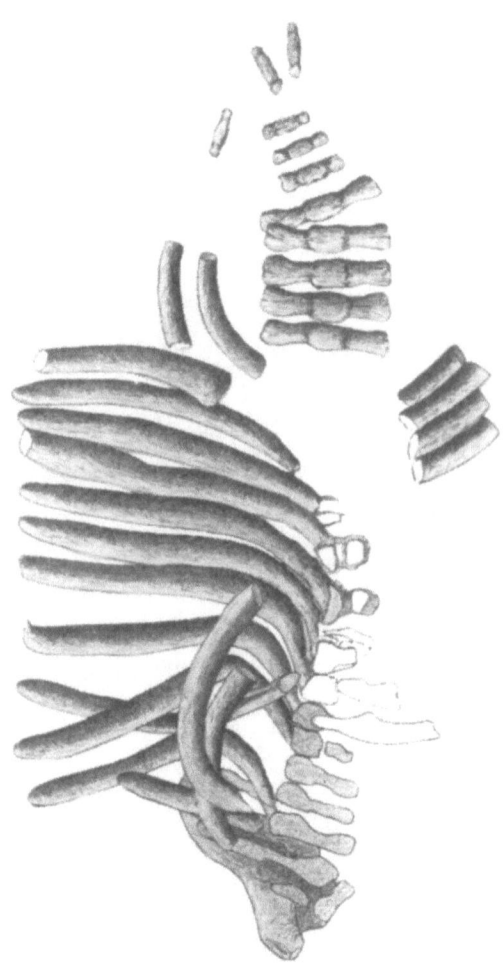

Abb. 2: Das Rumpfskelett von *Halitherium Abeli* spec. nov. in seiner natürlichen Lage vor der Abhebung. Gefunden in St. Georgen an der Gusen (Sandkeller des Mayr im Grubhof). (1:9 nat. Gr.).

11. Sandgrube in Leonding

Halitherium Christoli FITZINGER

Zahlreiche Rippenfragmente (Sir. Nr. 43).

12. Sandkeller des Mayr im Grubhof, bei St. Georgen an der Gusen

Halitherium Abeli spec. nov.

1918 17 Wirbelfragmente (Sir. Nr. 19 u. 29).
25 Rippenfragmente (Sir. Nr. 20 u. 30).
Zahlreiche Rippenfragmente (Sir. Nr. 31).
1944 Ein fast komplettes Rumpfskelett (Sir. Nr. 60).

13. Steinbruch bei Perg in Oberösterreich

Halitherium pergense (TOULA)

1899 Craniales Fragment mit Gehirnabguß. Original zu TOULA F.: U. J. BB. 1899 und zu O. ABEL: Abh. geol. R. A. 1904 (Sir. Nr. 10).
1917 5 Rippenfragmente (Sir. Nr. 49 u. 50).
1946 2 Rippenfragmente.

Die Sandgruben der unmittelbaren Umgebung von Linz an der Donau, aus der uns fossile Sirenenreste bekannt sind, liegen alle am Ostabhang jenes Gneisrückens, der als Römer-, Freien- und Bauernberg den westlichen Abschluß des Linzer Beckens bildet. Die Herkunft einiger Rippenfragmente aus den Sandgruben von Leonding ist sehr problematisch und muß angezweifelt werden.

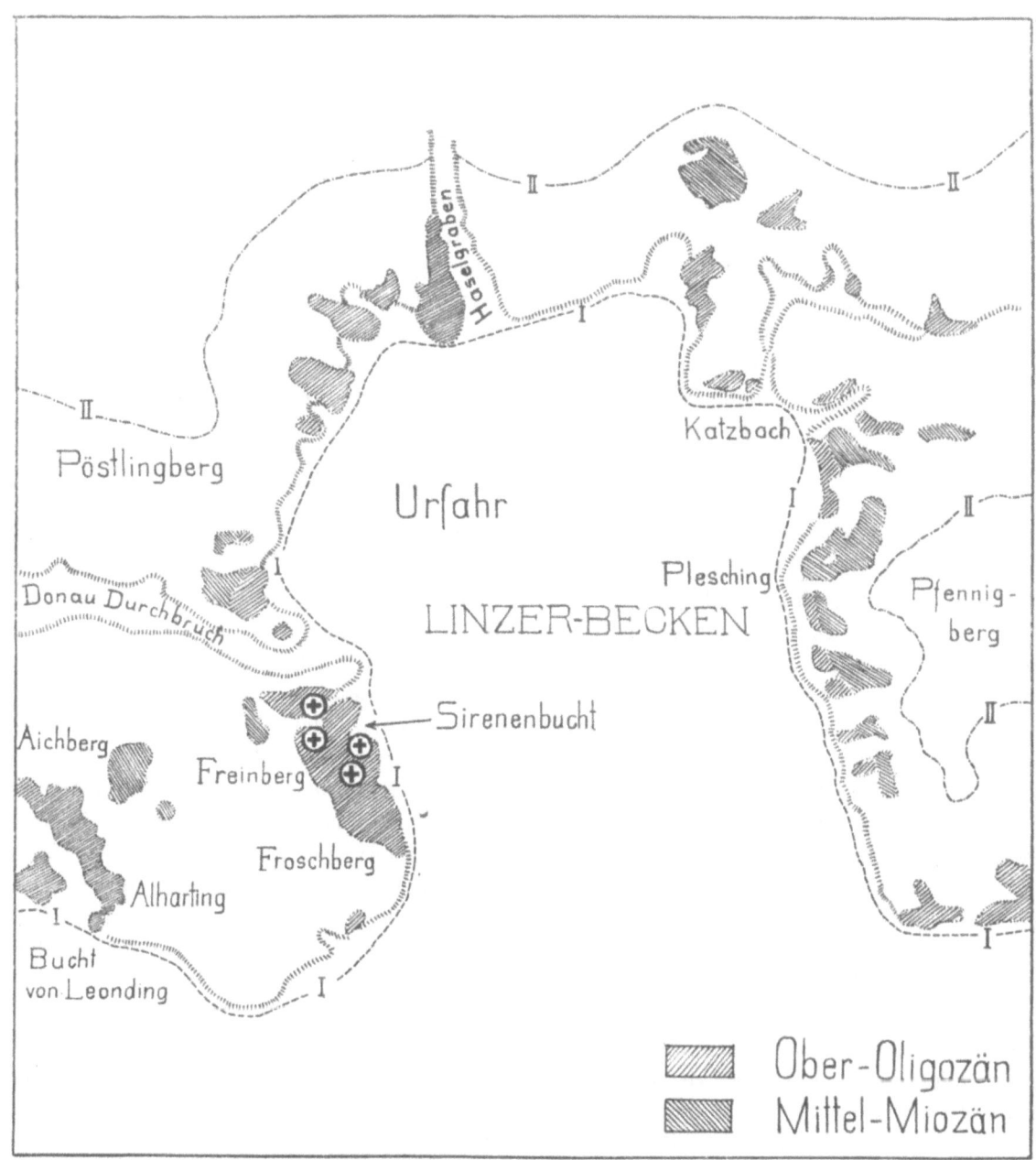

Abb. 3: Das Linzer Becken mit den tertiären Strandablagerungen und den Fundstellen von Sirenenresten.

Wenn wir nun die Jahreszahlen der einzelnen Funde vergleichen, so finden wir, daß die Funde aus der fraglichen Sichenbauergstätten aus dem Jahre 1839 stammen, während die aus der Prixenhäusl-Sandgrube im Jahre 1845 gemacht wurden. Diesen Funden schließen sich zeitlich die der Mayerhofer-Sandgrube an, die in den letzten Jahrzehnten nach ihrem neuen Besitzer als Jungbauer-Sandgrube bezeichnet wird und wo wir die Jahreszahlen 1884, 1888, 1900, 1924, 1926 und 1928 genannt finden. Daß mit letzterem Fundort auch die „Sandlager bei der Mathias-Pfarre" und die in der „Kapuzinerstraße" identisch sein könnten, ist anzunehmen. Wenn wir nun von den Funden mit der allgemeinen Bezeichnung „Sandlager von Linz" Stellung nehmen, eine Fundortsbezeichnung, die zumeist bei den alten Beständen des Landesmuseums zu finden ist, so stammen diese meines Erachtens zumeist aus den Sandgruben der oberen Kapuzinerstraße, Sandgruben die seit alter Zeit im Betriebe standen und zum Teil auch heute noch abgebaut werden. Die bisher bekannten Sandgruben, die je existiert haben, sind, vom Norden nach dem Süden gehend, die kleine Sandgrube in der Donatusgasse, die große Sandgrube „Jungbauer" bei der Zentralkellerei auf der rechten Seite der Kapuzinerstraße, eine alte und gegenwärtig aufgelassene Sandgrube, wo sich das Fabriksgebäude der Aktienbrauerei befindet, die städtische Sandgrube in der Sandgasse, die auch als Lemonikeller bezeichnet wird, und die gegenwärtig zu einer Parkanlage umgewandelte Sandgrube der Gebrüder Hatschek am Weg zur Gugel. Einheitlich bestehen diese Sandlager aus oberoligozänen Strandsanden, die in den tiefen Buchten westlich der Stadt abgelagert wurden und die ich als Sirenen-Bucht bezeichnen will. Diese wird nördlich von dem Ost—West-ziehenden Rücken des Römerberges, im Westen vom Freienberg und im Süden vom Froschberg begrenzt (Abb. 3).

II. Das Fundmaterial

Wie die vorhergehende Liste der fossilen Sirenenfunde aus der Umgebung der Stadt Linz zeigt, wurde bisher noch kein ganzes Skelett gefunden. Es handelt sich meist um Skeletteile, die vereinzelt oder in kleinen Verbänden auch in situ angetroffen werden. Besonders häufig sind die Funde von Rippen oder Rippenfragmenten, die als widerstandsfähigstes Material am besten erhalten blieben, die aber für die Systematik der Sirenen bisher von geringer Bedeutung waren. Auch Wirbel sind relativ häufig, doch meist stark abgerollt, zerbrochen oder zumindest mit abgebrochenen Fortsätzen. Gebißfragmente und Zähne sind selten, ebenso Brustbeine, Schulterblätter, Beckenreste oder Knochen der Vorderextremitäten. Ganze Schädel gehören überhaupt zu den Seltenheiten, und ein unverletztes Schädelskelett wurde in den Linzer Sanden bisher überhaupt noch nicht gefunden. Zu den zwei aus dem österreichischen Tertiär bekannten Unterkieferresten von *Halitherium Christoli* und *Thalattosiren Petersi*, ersterer aus den Sanden von Linz und letzterer aus dem Torton von Wien (Ottakring), gesellen sich nun zwei weitere Funde aus den Linzer Sanden, nämlich der unter Nr. 11 aus der Jungbauer-Sandgrube und der unter Nr. 59 aus dem Lemonikeller.

Bemerkenswert ist die Lagerung der Sirenenreste in den Linzer Sanden, soweit sie im Skelettverband vorliegen. Diese finden sich meist parallel zum ehemaligen Ufer. Vollständige Sirenenskelette fehlen, denn entweder findet sich der Schädel oder selbst der Unterkiefer allein oder es wurde, wie in St. Georgen an der Gusen und bei dem Fund aus der Prixenhäusl-Sandgrube vom Jahre 1854, nur das Rumpfskelett aufgefunden (Abb. 1 und 2). Es zeigt sich ferner, daß die meist horizontal gelagerten, sehr dichten und widerstandsfähigen Knochen durch den Druck der sich immer mehr verfestigenden und mächtigen Sandmassen stark zertrümmert wurden. Das meiste fossile Sirenenmaterial zeigt dadurch einen ganz eigenartigen Erhaltungszustand, indem besonders die langen Knochen (Rippen usw.) in eine Unzahl von scheibenförmigen Stücken zertrümmert sind.

B. Die geologischen Verhältnisse der Fundstellen fossiler Sirenenreste in der Umgebung von Linz

Die hier beschriebenen Sirenenreste stammen zur Gänze aus den Linzer Sanden, die nicht nur zahlreiche Sirenen, sondern auch Cetaceen (ABEL, 1914, KELLOGG, 1923) geliefert haben. Es sind weiße Quarzsande, die allgemein in das Chatt, also in das Oberoligozän gestellt werden (vgl. GRILL & SCHAFFER, 1951). Es handelt sich, wie auch aus dem Vorkommen der Sirenen hervorgeht, um küstennahe Ablagerungen. Die Linzer Sande erreichen stellenweise eine Mächtigkeit von 35 *m*.

Der Großteil aller Sirenenfunde des Linzer Beckens stammt aus den Sandgruben, die westlich der Stadt am Hange des Freien- und Bauernberges abgebaut werden. Sie finden sich in zwei verschiedenen Horizonten, u. zw. aus der sogenannten Jungbauer- und Sichenbauer-Sandgstätten, wo sie in einer absoluten Höhe von 290 m ü. d. M. liegen und aus der Lemoni-Sandgrube, deren Höhen nur 270 m beträgt. Diesen 20 m Höhenunterschied entspricht aber eine Horizontaldifferenz von annähernd 400 m, wo sich die zwei sowohl zeitlich als auch örtlich verschieden alten Strandlinien vorfinden. Wie nun neuerliche Untersuchungen der Sande gezeigt haben, lassen sich deutlich, u. zw. auch lithologisch zwei Horizonte ausscheiden, die auch für die Beurteilung der Sirenenreste von Wichtigkeit sind.

An der Basis der Sandlager, hangnahe, also im westlichen Teil der Jungbauern-Sandgstätten, findet sich eine etwas mehr eisenschüssige und schwach verhärtete Sandbank von etwa 3 bis 4 m Mächtigkeit, die dem hier stark ansteigenden kristallinen Grundgebirge auf- bzw. angelagert ist. Es handelt sich um eine zum Teil schräggeschichtete Strandbildung, wie sie bei Mittelwasserstand entstehen und als Gezeitenschichten angesprochen werden

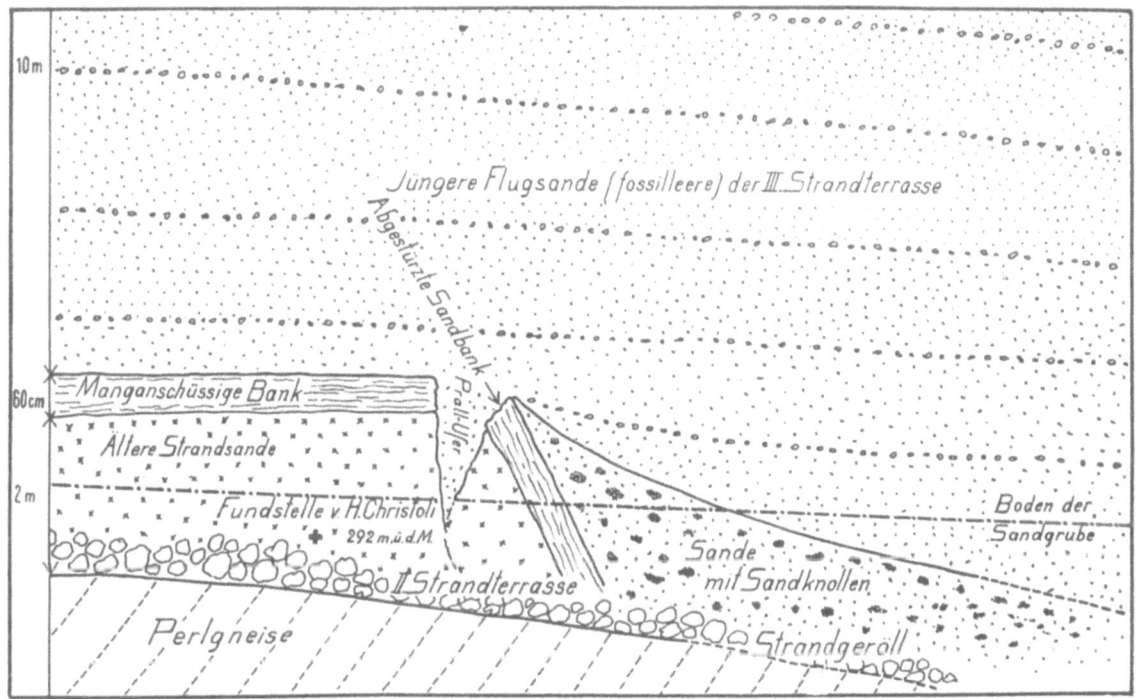

Abb. 4: Die geologischen Verhältnisse in der Jungbauern-Sandgrube.

können. Bezeichnend für eine derartige Meeresstrandbildung ist auch ihre horizontale Schichtung. Gegen Osten, also gegen das seinerzeit offene Meer hin, bildet diese Sandbank einen fast 3 m hohen und steilen Abfall, der als Prallufer angesehen werden kann (Abb. 4 und Tafel IV, Fig. 6).

Über dem Strandgeröll und in den älteren Sanden eingebettet lag nun das 1926 gefundene Schädelfragment mit den stark zertrümmerten Unterkiefern der Sirene *Halitherium christoli* (Sir. Nr. 11; Mus. Nr. 1926/394). Von der gleichen Lokalität oder zumindest aus demselben geologischen Horizont scheint aber auch der von FITZINGER (1842) beschriebene Unterkiefer zu stammen, da ursprünglich der Abbau dieser Sandgruben in der oberen Kapuzinerstraße mehr den westlich gelegenen Teil betraf, um sich erst in späteren Jahren nach dem Osten zu erstrecken, wo sich die meist fossileren weißen und viel lockereren Sande vorfinden. Diese zweite Strandterrasse, die zum Großteil wieder abgetragen wurde, ist eigentlich nur mehr in den sehr geschützten Buchten erhalten geblieben, wo sie dann aber selbst von der posttertiären und durchgreifenden Erosion verschont geblieben war. Sie fehlt an den mehr steilen Hängen des Pöstlingberges anscheinend vollkommen, und man findet sie erst donauwärts wieder bei dem Orte Katzbach in einer Höhe von 286 m ü. d. M., wo sie besonders schön ausgebildetes Strandgeröll mit mächtigem Blockwerk, das bis zu 1 m Dicke erreicht, ausgebildet hat. Reste von Seekühen wurden aber bisher dort nicht gefunden, da ja auch die Sande dort kaum abgebaut wurden. Die südlich der Jungbauer-Sandgrube befindliche, heute aber aufgelassene Sandgrube der Gebrüder Hatschek in der gleichnamigen Parkanlage am Fuße des Bauernberges, die seinerzeit auch vereinzelte Sirenenreste geliefert hat, scheint diesem Horizont anzugehören.

Zu einer weiteren, tiefer gelegenen Strandbildung, welche die jüngste der Linzer Sande darstellt, gehören die Sandlager am Fuße des Freienberges. Diese Strandlinie verläuft in einer Höhe von annähernd 270 m ü. d. M. Hier kommen Sirenenreste vor, die systematisch dem Genus *Metaxytherium* sehr nahe stehen. Die uns bisher bekannten Aufschlüsse finden sich in der Lemoni-Sandgrube, westlich der Stadtmitte von Linz, wo im Jahre 1938 ein bisher

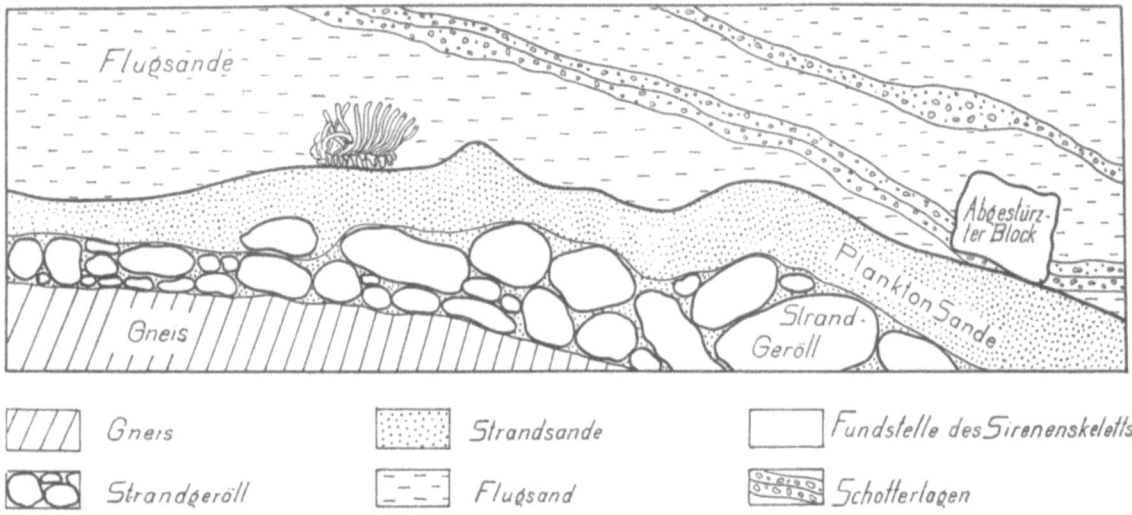

Abb. 5: Die Strandzone der dritten oberoligozänen Meeresterrasse im Sandkeller des Mayr im Grubhof bei St. Georgen an der Gusen.

unbeschriebener, fast kompletter Unterkiefer und Fragmente der Schädelbasis sowie eine nahezu vollständige Halswirbelsäule (Sir. Nr. 59) gefunden wurden. Auch nördlich der Donau finden sich in einer Bucht nordwestlich des Ortes Gusen, zwischen St. Georgen und Mauthausen, diese Sande, wo ich im Jahre 1944 bei der Aushebung eines Kellers das Rumpfskelett einer fossilen Seekuh heben konnte (Abb. 5). Auch hier finden sich mächtige Strandgerölle mit sehr großen Blöcken in denselben Höhenlagen, die der tiefsten Strandterrasse entsprechen, in einer Höhe von 268 m ü. d. M. Wie die nachfolgenden Untersuchungen dieser Reste zeigen werden, handelt es sich auch hier um einwandfrei dieselbe Sirenenart wie die des Lemonikellers.

Bemerkenswert ist, daß diese einzelnen altersverschiedenen Stufen durch ganz typische *Halitherium*-Arten charakterisiert werden, die hinsichtlich ihrer phylogenetischen Entwicklung eine fast kontinuierliche chronologische Reihe darstellen. Es wurde in diesem Zusammenhang versucht, mit Hilfe einer bisher kaum angewandten Untersuchungsmethode, nämlich auf Grund vergleichend histologischer Resultate, aus den bisher für die Systematik unbrauchbaren, jedoch relativ sehr häufig vorkommenden Rippenresten Rückschlüsse zu gewinnen, die als wertvoller Beitrag auch zur geologischen Altersbestimmung der Sirenenreste verwendet werden können.

Zusammenfassend ist zu sagen, daß die dem kristallinischen Untergrund unmittelbar aufliegenden oligozänen Strandsande eine ziemlich flache, gegen die alte Meeresbucht schwach geneigte Oberflächenentwicklung aufzuweisen haben. Die Sandlagen erscheinen ihrerseits durch mehr oder weniger regelmäßige Zwischenlagen feiner Schotter, die vom Festland her eingeschwemmt wurden, gebankt. Über diesen oberoligozänen Sanden breitet sich zum Teil eine meist nur schwache Tonlage aus plastischem Material aus, die als Rest einer ehemals mächtigeren untermiozänen (burdigalischen) Meeresablagerung anzusprechen wäre, die aber sekundär abgetragen und eingeebnet wurde, weshalb sie stellenweise auch ganz fehlen kann. Solche Verhältnisse finden wir dort, wo während der viel stärkeren Überflutung des untermiozänen Meeres der Strand bedeutend weiter landeinwärts vorrückte. An den steilen Hängen findet sich der miozäne Sand unmittelbar über den oligozänen Strandablagerungen. Es folgt nun meist eine durchschnittlich 14 m starke Schotterdecke terrestrischen Charakters, die an ihrer Basis oft ein nagelfluhartiges Aussehen hat, nämlich die Deckenschotter der Hochflur. Gegen ihre Oberfläche zu sind diese Geschiebemassen mehr und mehr mit dem darüberliegenden Lehm vermengt. Über den Deckenschottern folgen Löß- und Lößlehmlagen, die z. B. an den höher gelegenen Teilen des Freien- und Bauernberges bei Linz noch eine Mächtigkeit von 25 m erreichen können und meist stark verlehmt sind.

C. *Halitherium pergense* (TOULA) (Abb. 6 und 7)

1899 *Metaxytherium* (?) *pergense* (TOULA, S. 459),
1904 *Halitherium christoli* FITZ. (ABEL, S. 28).

Material: 1 Hirnschädelfragment (Frontale, Parietale und Supraoccipitale, aufruhend auf dem Hirnschädelausguß im Sandstein). Original zu F. TOULA 1899. Sir. Nr. 10, Perg O. Ö. Diverse Rippenfragmente aus dem Sandstein von Perg. Sir. Nr. 49.
4 Rippenfragmente Mus. Nr. 1917/7, Perg, O. Ö.
2 Rippenfragmente aus dem Sandstein von Perg, O. Ö., 1946 (Untersuchungsmaterial).

I. Allgemeine Betrachtungen

TOULA hat im Jahre 1899 den Fund eines Sirenenrestes aus dem Sandstein von Perg in Oberösterreich als *Metaxytherium* (?) *pergense* beschrieben und stützte sich dabei auf das im Landesmuseum von Linz befindliche Originalmaterial.

Wie jedoch schon O. ABEL (1904) in seiner Arbeit über die Sirenen der mediterranen Tertiärbildungen Österreichs richtig auseinandersetzte, kann dieses Schädelfragment nicht *Metaxytherium*, sondern nur einer primitiveren Sirenenart angehören. Das Tier sei aber, wie ABEL zu beweisen suchte, noch nicht ganz ausgewachsen gewesen, da die Schädelknochen weit weniger dick seien als bei *Halitherium Schinzi* oder *Metaxytherium Krahuletzi*. Weiters sei bei dem Sirenenrest aus Perg noch bemerkenswert, daß sich die Temporalkanten einander sehr nahe liegen, da sie an der Linea nuchalis superior 42 *mm*, an ihrer Mitte 31 *mm* und vorne am Proc. frontalis der Parietalia nur mehr 26 *mm* voneinander entfernt sind; in sich mehr geradlinig verlaufen und keineswegs die geschweifte Form aufweisen, wie dies bei *Halitherium Schinzi* der Fall ist. Diese Unterschiede waren es, die TOULA veranlaßt haben, den vorliegenden Rest aus Perg als neue Art zu beschreiben, allerdings mit Vorbehalt, ob es zur Gattung *Metaxytherium* zu stellen sei. Die großen Unterschiede in der Form des Supraoccipitale glaubte später O. ABEL, unterstützt durch die Ausführungen von LEPSIUS (1882), auf eine ähnliche und starke Variationsbreite auch bei *Halitherium Christoli* zurückzuführen, zu welch letzterer Art er ja auch schließlich den Sirenenfund aus Perg stellte. Die Art des mehr geradlinigen Verlaufes und besonders die sehr verschieden starke Ausbildung der Temporalleisten will ABEL ebenfalls durch Altersunterschiede erklären, indem das Schädeldach mit zunehmendem Alter, wie dies HARTLAUB (1886) bei den *Manatus*-Arten beobachten konnte, durch das Emporrücken der Temporalkanten immer schmäler werde und gleichzeitig die Temporalleiste immer wulstiger sich gestalte. Die verschiedene Stärke der Temporalkanten, ihre gegenseitige Entfernung und auch die verschiedene Länge der Parietalia seien als individuelle Variation zu bezeichnen. Im erwachsenen Zustand müßte daher auch die Länge der Scheitelbeine noch größer gewesen sein.

Wenn nun ABEL, gestützt auf seine Untersuchungen des Schädelrestes von Perg wohl recht hat, daß es sich auf keinen Fall um eine phylogenetisch jüngere Form der Sirenen, etwa um *Metaxytherium*, handeln kann, wie dies TOULA anzunehmen glaubte, so geht er meines Erachtens doch zu weit, diese wegen seines angeblich jugendlichen Alters oder auf Grund der individuellen Variation zu *Halitherium Christoli* zu stellen, nur deshalb, weil damals nur eine einzige Sirenenart aus den Sanden des Linzer Beckens bekannt war. In der nachfolgenden Neubeschreibung des Originalmaterials aus Perg wird gezeigt werden, daß es sich tatsächlich um eine eigene, etwas primitivere Sirenenart handelt.

II. Beschreibung der Sirenenreste aus Perg in Oberösterreich

Geologisches Alter: Linzer Sande („höchste Terrasse"), Chatt.

Das Schädelfragment

Das Schädelfragment besteht aus dem Supraoccipitale, den beiden Parietalia, dem rechten Frontale und Resten des aboralen Teiles des linken Frontale (Abb. 6 u. 7). Es zeichnet sich durch seine schmale, mehr langgestreckte Form aus und ist von viel leichterem Bau als die mir vorliegende Vergleichsform von *Halitherium Christoli*. Von der Seite gesehen zeigt das Schädeldach aus Perg eine deutliche Aufwölbung an ihrer Parietalregion, die immerhin so markant und stark ist, daß sie an Höhe die wohl schwachen, so doch immerhin deutlich aufgewölbten Temporalleisten übertrifft. Was nun die Nähte zwischen den einzelnen Schädelknochen betrifft, so sind diese vollkommen geschlossen, während dieselben bei dem Vergleichsmaterial zum Teil noch offen oder zumindest angedeutet sind. Die Annahme von ABEL, daß es sich um ein jüngeres Tier handeln müßte, ist daher unrichtig, noch dazu mir aus den Sanden von Linz ein Schädeldach eines sicher jungen Individuums vorliegt (Sir. Nr. 22). Die Nahtobliterationen zwischen Parietale und Occipitale treten nämlich relativ spät, zumindest aber erst bei voller Entwicklung des Tieres auf (vgl. USSOW, 1902).

Wie bereits TOULA nachgewiesen hat, sind bei dem Fossil aus Perg die Stirnbeine bedeutend länger und schmäler als bei *Halitherium Christoli*. Der überaus schlanken Form des Schädeldaches entsprechend, die auf ein relativ langschädliges Tier schließen läßt, ist die ausnehmend geringe Entwicklung und der typische Verlauf der Temporalleisten bezeichnend. Es sind dies Merkmale, die wohl kaum unter den Begriff „Variationsbreite" fallen dürften. Diese Ansatzleisten für den Temporalmuskel verlaufen etwas geschwungen, indem sie sich in der Mitte der Scheitelbeine etwas nähern. Der innere Abstand der Temporalleisten beträgt an der Linea nuchalis superior annähernd 45 *mm* (das Schädeldach ist an dieser Stelle an seiner linken Seite abgebrochen), an ihrer Mitte 20 *mm* und in der Höhe des Processus frontalis der Scheitelbeine etwa 26 *mm*. ABEL beobachtete ferner ganz richtig, daß durch die im Alter zunehmende Verstärkung der Temporalkanten, u. zw. ganz besonders bei männlichen Individuen mancher Tierarten, das dazwischen gelegene obere Schädeldach immer schmäler und schmäler würde. Was diesbezüglich die Sirene von Perg betrifft, so finden wir aber gerade das Gegenteil. Wir sehen nämlich, daß diese bei ausnehmend schwachen Temporalleisten, im Vergleich mit *Halitherium Christoli*, ein besonders schmales Schädeldach besitzt, wo wir trotz einer sehr starken Temporalkante ein relativ sehr breites Schädeldach vorfinden. Daß es sich hier auch innerhalb einer gewissen Variationsbreite um keinen Sexualdimorphismus handeln kann, scheint mir unzweifelhaft. Die nachfolgenden vergleichendanatomischen Untersuchungen des Fundes aus Perg mögen daher mit weiteren Argumenten meine Ansicht stützen, daß es sich entschieden um eine primitivere Sirene handelt, als sie *Halitherium Christoli* darstellt. Weiters will ich auf die vergleichend-histologischen Untersuchungen verweisen, die ich mit allen drei in dieser Arbeit beschriebenen Arten durchgeführt habe und die meine Auffassung, daß sowohl die Sirene von Perg als auch die Sirene aus dem Lemonikeller, zwei von *Halitherium Christoli* FITZINGER verschiedenen Arten angehören, entschieden unterstützen.

1. Das Os occipitale

In unserem Falle handelt es sich bloß um die Schuppe, die vom Hinterhauptsknochen erhalten geblieben ist, deren dorsaler Rand an der Sutura parietooccipitalis mit den Scheitelbeinen vollkommen verknöchert ist. Die Seitenstücke (Exoccipitalia) und ebenso das Basioccipitale, die bei den Sirenen immer von der Schuppe getrennt bleiben, sind bei unserem Fossil nicht vorhanden. Die Squama occipitalis erreicht mit ihrem unteren und freien Rande kaum mehr das Foramen magnum. Sie ist von querovaler Form und ist im Gegensatz zu *Halitherium Christoli*, wo sie ein starkes Relief aufzuweisen hat, vollkommen eben und glatt. Dorsal zeigt sie eine kurze und schwache Protuberantia occipitalis externa, die beiderseits von flachen Muskelgruben begleitet wird. Bei *Halitherium Christoli* reicht die viel kräftigere Protuberantia occipitalis externa bis in die Mitte der Schuppe und ist durch eine tiefe, fast 8 *mm* breite Gefäßrinne zweigeteilt, die am Ende in ein Foramen mündet, das in die Schuppe eintritt. Auf beiden Seiten jener Protuberanz befinden sich tiefausgehöhlte, fast kreisrunde Muskelgruben, deren Ränder wulstig aufgetrieben sind und einen Durchmesser von 11 *mm* haben. An ihrem dorsalen Rande endet die Squama occipitalis bei *H. Christoli* in einem breiten und wulstigen Genickkamm von schwach bogenförmigem Verlauf. Bei der Sirene aus Perg finden wir nur beiderseits der Prot. occipit. ext. eine niedrige und schwache Linea nuchalis superior, die aber etwas mehr in caudoventraler Richtung verläuft. Eine schmale und kurze

Abb. 6: Das Schädelfragment von *Halitherium pergense* (TOULA) aus Perg in Oberösterreich. Oberansicht (²/₃ nat. Gr.).

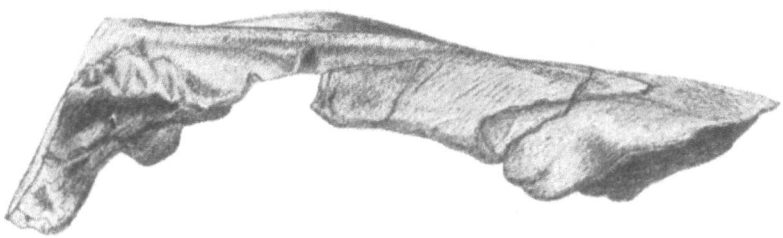

Abb. 7: *Halitherium pergense* (TOULA), Schädelfragment aus Perg. Seitenansicht (²/₃ nat. Gr.).

Pars parietalis der Squama occipitalis ist bei der Vergleichsform festzustellen, da bei dieser die Nähte noch angedeutet sind.

Die Innenfläche der Schuppe ist für beide Arten besonders gekennzeichnet. Beide besitzen eine sehr kräftige und breite Protuberantia occipitalis interna, die in oraler Richtung in eine starke und hohe Crista sagittalis interna übergeht, die sich dann allmählich gegen die Sutura parietofrontalis erweitert und verflacht. Markante Unterschiede finden sich dagegen am aboralen Rand dieser Protuberantia. Diese geht bei *H. Christoli* nämlich in einen breiten quergestellten Wulst über, der mit den sehr gut entwickelten Seitenschenkeln der Eminentia cruciata beiderseits eine ausnehmend tiefe Grube bildet. Am ventralen Rand dieses Wulstes findet man die Mündung des von der Mitte der Facies externa kommenden Kanales eines Foramen supraoccipitale. Die, wenn auch bei weiten nicht so kräftige Protuberantia occipitalis interna bildet aber bei der Sirene von Perg nur flache und sehr schwache Seitenschenkel aus, soweit dies an dem gerade hier zerbrochenen Material zu sehen ist. Außerdem fällt die Protuberantia occipit. interna in einer steilen, quergestellten Stufe zum Planum der flachen und glatten Facies interna ab, ohne daß hier auch nur eine Andeutung jenes Querwulstes vorhanden wäre, wie sie ihn die Vergleichsform so typisch aufzuweisen hat. Was nun noch die Dickenverhältnisse der Squama occipitalis betrifft, ist zu bemerken, daß sie an ihren ventralen und freien Rändern mit 13 *mm* nicht differieren, während sie über der Prot. occip. int. eine Stärke von 26 *mm* bei *H. Christoli* und 22 *mm* bei der Seekuh aus Perg erreichen.

Vergleichende Maße	Sirene von Perg	*Halitherium Christoli*
Breite der Squama occipitalis an ihrer Mitte	68 *mm*	75 *mm*
Höhe der Squama occipitalis an ihrer Mitte	42 *mm*	52 *mm*
Breite des Hinterschädels an der Linea nuchalis superior (größte Breite)	65 *mm*	72 *mm*
Länge der Protuberantia occipit. externa	12 *mm*	23 *mm*

2. Das Os parietale

Die Parietalia, bei denen das etwas flacher ausgebildete Planum temporale stark beschädigt ist, zeichnen sich durch eine relativ schlanke und langgestreckte Form aus. Bei *Halitherium Christoli* sind sie viel wuchtiger, dabei breiter und an ihrem Planum parietale besonders dickwandig. Bei dieser Vergleichsform fällt auch die temporale Fläche viel steiler ab und der Knochen verjüngt sich keilförmig gegen die Sutura parietotemporalis. Bei der Seekuh aus Perg sind die Scheitelbeine an ihren rückwärtigen Enden noch ziemlich massig (18 *mm*), werden aber gegen die Mitte zu rasch dünner (7 *mm*) und haben an der frontoparietalen Naht eine Dicke von nur mehr 5 *mm*. Gegen die Frontalfortsätze nimmt die Mächtigkeit des Schädeldaches wieder rasch zu und erreicht an deren vorderen Enden, im Bereiche der Linea temporalis, eine Stärke von 20 *mm*. Diese starke Verdickung der Schädelknochen verläuft in Form eines breiten und quergestellten Wulstes in der Richtung zur Schädelhöhle, und an dessen Bildung sind auch die aboralen Teile der Stirnbeine beteiligt. Diese mächtige Knochenverstärkung bildet die Grenze zwischen dem überaus großen Bulbus olfactorius und dem Großhirn, beide tiefgreifend abschnürend, wie dies an dem vorhandenen Gehirnabdruck zu erkennen ist. Typisch für die Sirene von Perg ist ferner der weit oral reichende Frontalfortsatz, der, wenn er auch bei der Vergleichsform etwas beschädigt ist, so doch kürzer gewesen sein muß. Deshalb erscheinen bei der erstgenannten Sirenenart die

Stirnbeine viel länger, und außerdem sind die Frontalia viel tiefer in letztere eingekeilt. Das schmale Planum parietale weist bei der Pergschen Seekuh am aboralen und medianen Teil eine schwache Einsenkung auf, die seitlich von einer schwachen Knochenleiste begrenzt wird und die nach vorne konvergierend in die nun folgende Aufwölbung der Stirnbeine, die dieser Art charakteristisch ist, allmählich übergehen (Abb. 7). Die Linea temporalis, die an diesem Schädelfragment eigentlich nur angedeutet ist, beginnt am äußersten Rande des Genickkammes, nähert sich im Bereiche der Mitte der Parietalia immer mehr und mehr der Sutura interparietalis und zieht dann im leichten Bogen zur Spitze des Processus frontalis des Stirnbeines, wo sie sich dann rasch verläuft. Hier an ihrem vorderen Abschnitt ist sie noch am stärksten ausgebildet. Ganz anders sieht diese Temporalleiste bei *Halitherium Christoli* aus. Auch sie beginnt am Außenrand der Linea nuchalis superior, erhebt sich aber bedeutend über dessen Höhe und bildet im Winkel mit letzterer eine kleine grubenförmige Vertiefung. In ihrem weiteren Verlauf zieht sie bogenförmig gegen die Mittellinie des Schädels bis annähernd zur Mitte der Scheitelbeine und beginnt von hier an bereits etwas abzusinken. Linkerseits sehen wir an dieser Stelle ein kräftiges Foramen, das einem Ernährungsgefäß Eintritt in den Knochen gestattete. Von dieser Stelle an öffnet sich die Temporalleiste wieder und zieht zum Proc. frontalis des Stirnbeines, wo sie sich stark verflacht, um eigentlich nur mehr eine scharfe Kante zwischen Planum parietale und Planum temporale darzustellen. Das Planum parietale liegt bei dieser Sirenenart talförmig zwischen die Temporalleisten eingesenkt und tritt erst dort an die Oberfläche, wo sich letztere zu verlaufen beginnen. Die Interparietalnaht und zum Teil auch die Sutura parietooccipitale sind noch zu erkennen, während dieselben am Schädelfragment von Perg vollkommen verschwunden sind. Diesbezüglich müßte das Schädeldach aus den Linzer Sanden eigentlich einem jüngerem Individuum angehören als das von Perg.

Vergleichende Maße		Sirene von Perg	Halitherium Christoli
Länge der Parietalia an der Interparietalnaht		76 mm	71 mm
Größte Länge der Parietalia		110 mm	107 mm
Innerer Abstand der Temporalleisten	rückwärts	45 mm	55 mm
	an der Mitte	20 mm	28 mm
	vorne	26 mm	36 mm
Breite des Schädeldaches an den Temporalleisten	rückwärts	55 mm	68 mm
	an der Mitte	27 mm ?	39 mm
	vorne	34 mm	47 mm
Dicke des Schädeldaches an der Interparietalnaht über der Crista sagitt. int.	rückwärts	25 mm	35 mm
	an der Mitte	10 mm	21 mm
	vorne	6 mm	22 mm

3. Das Os frontale

Von den Stirnbeinen ist ein größerer Teil an der rechten und nur ein ganz kleines Stück an der linken Seite des Schädelfragmentes erhalten. Sie sind, wie schon erwähnt, an der Frontoparietalnaht von sehr massigem Bau, speziell an ihrem lateralen Teil. Sie bedecken den schräg nach vorne aufsteigenden Bulbus olfactorius, wodurch auch das Os frontale in seinem Verlaufe nach vorne immer dünner und dünner wird. An seiner Außenfläche ist dieser Knochen glatt, liegt mit dem vorderen Teil der Scheitelbeine in einer Ebene und weist als Fortsetzung der Linea temporalis eine flache und schmale Gefäßrinne auf. Etwas entfernt von dieser und mit der Stirnnaht gleichlaufend findet man eine schwache, wulstförmige Aufwölbung des Knochens, die ungefähr in der Mitte der Frontalia beginnt, um sich gegen deren orale Enden wieder zu verlieren. Der Knochen ist von dichtgefügter Struktur, seine Spongiosa ist durch Compacta ersetzt, in der sich aber ein grobkanaliges Wundernetzsystem, ähnlich dem am Rumpfskelett, entwickelt hat.

Die Länge des vorhandenen rechten Stirnbeines beträgt 53 *mm* an der Interfrontalnaht; die Breite des Planum frontale am Vorderrande des Proc. frontalis des Scheitelbeines 12 *mm*, in der Nähe des oralen Endes jedoch 19 *mm*. Das Planum temporale ist glatt und fällt viel steiler ab als das der Parietalia und ist seitlich schwach aufgewölbt. An seinem aboralen Teil, u. zw. in der Höhe der Frontalfortsätze der Scheitelbeine, hat dieser Schädelknochen seine maximalste Dicke mit 21 *mm* aufzuweisen.

III. Zusammenfassung

Was nun die fossile Sirene von Perg betrifft, zeichnet sich diese viel weniger durch weitgehende Größenunterschiede und Merkmale aus, die unter dem Begriff der Variationsbreite einer Species fallen könnten, sondern es handelt sich um ganz besondere Formunterschiede, wie dies die vergleichenden Untersuchungen gezeigt haben. Zum Vergleich wurde dasselbe Originalmaterial herangezogen, das O. ABEL im Jahre 1904 vorlag, um nicht irgend welchen Zweifel aufkommen zu lassen.

Zusammenfassend können wir nun folgende Ergebnisse feststellen:

1. Es handelt sich bei dem Schädelfragment aus Perg um ein vollkommen ausgewachsenes Tier, da an diesem zu beobachten ist, daß die Suturen, u. zw. die Sutura parietooccipitalis, die Sutura interparietalis und die Sutura parietofrontalis, vollkommen verwachsen und geschlossen sind und mit Ausnahme letzterer überhaupt nicht mehr sichtbar sind. Bei der Vergleichsform, also an der Originaltype zu *Halitherium christoli*, ist der Verschluß der Nähte bei weitem nicht so vollkommen, da diese wenigstens zum Teil noch offenstehen. Damit fällt nun der Begriff „Altersunterschied" weg, auf den sich die Begründung ABEL's stützte.

2. Es ist meines Erachtens ganz unmöglich, so tiefgreifende anatomische Unterschiede, wie wir sie bei der Sirene von Perg im Vergleich zur Sirene von Linz antreffen, mit dem Begriff der Variationsbreite abzutun.

3. Die große Ähnlichkeit der Sirene von Perg mit *Prototherium veronense* de ZIGNO aus dem Mitteleozän des Monte Zuello bei Ronca. Die Abstände und der ziemlich gerade Verlauf der schwachen Temporalkanten, die seichte mediane Mittelfurche, die Form des Wulstes zwischen dem Supraoccipitale und den Parietalia, die Gestalt der Frontoparietalnaht, die langgestreckten, dabei viel schmäleren Scheitelbeine, der viel zartere Knochenbau im allgemeinen und die Aufwölbung des Schädeldaches in der Parietalregion sind Merkmale primitiverer Natur, die den Fund aus Perg, phylogenetisch wahrscheinlich Vorläufer von *Halitherium christoli*, kennzeichnen. Dieser Fund ist nun deshalb von großer Bedeutung, weil damit eine Sirenenart bekannt wurde, die im Gebiete des weiteren Linzer Beckens lebte und als unmittelbarer Vorfahre von *Halitherium christoli* ein Bindeglied zwischen den unter- und mitteloligozänen und diesem herstellt.

4. Die Resultate der histologischen Untersuchung des Knochenskelettes (siehe S. 62) lassen weiterhin vermuten, daß es sich bei dem Fossil aus Perg um eine phylogenetisch ältere Art handelt, als sie *Halitherium christoli* darstellt.

5. Die geologischen Verhältnisse der Fundstelle im Vergleich zu den von *Halitherium christoli* (S. 18).

Die Sirenenart aus Perg, die als *Halitherium pergense* (TOULA) zu bezeichnen ist, ist demnach durch ihren allgemein leichteren Skelettbau, durch die langgestrecktere und feinere Schädelform wie auch durch phylogenetisch primitivere Merkmale anatomischer und histologischer Natur gekennzeichnet.

D. *Halitherium christoli* FITZINGER

1842 *Halitherium Christoli;* L. J. FITZINGER: Bericht über die in den Sandlagern von Linz aufgefundenen fossilen Reste eines urweltlichen Säugers *(Halitherium Christoli).* 6. Bericht über das Museum Francisco-Carolinum in Linz. Linz.

1847 *Halianassa Collini* H. v. MEYER.

1849 *Halianassa Collini* H. v. MEYER: Neues Jahrbuch f. Min. etc. Stuttgart.

1850 *Halianassa Collini* H. v. MEYER: Eingesendete Petrefakten von Herrn C, EHRLICH. Jahrbuch d. k. k. geol. R. A. 1, Wien.

1855 *Halianassa Collini* H. v. MEYER, C. EHRLICH: Beiträge zur Paläontologie und Geognosie von Oberösterreich u. Salzburg. 15. Bericht über das Museum Francisco-Carolinum in Linz. Linz.

1867 *Halitherium Schinzi* KAUP, K. F. PETERS: Das Halitheriumskelett von Hainburg. Jahrb. d. k. k. geol. R. A. Bd. 17, Wien.

1904 *Halitherium Christoli* FITZINGER, O. ABEL: Die Sirenen der mediterranen Tertiärbildungen Österreichs. Abh. d. k. k. geol. R. A. Bd. 19, Wien.

1902 *Metaxytherium Christoli* M. SCHLOSSER: Beiträge zur Kenntnis der Säugetierreste aus den süddeutschen Bohnerzen. Geol. u. Paläont. Abh. Neue Folge, Bd. V. Jena.

I. Material

Sir. Nr. 1. Unterkiefer, beide Äste, davon der linke fragmentiert. Original zu FITZINGER, 1842. Gefunden im April 1839 in der Sichenbauer-Sandstätten, Linz a. d. Donau.

Sir. Nr. 2. Unterkieferfragment mit M_2 und M_3. Original zu FITZINGER, 1842. Gefunden 1839 in der Sichenbauer-Sandstätten, Linz a. d. Donau.

Sir. Nr. 3. Letzter oberer Molar. Original zu FITZINGER, 1842. Gefunden 1839 in der Sichenbauer-Sandgstätten, Linz a. d. Donau.

Sir. Nr. 6. Letzter unterer Molar. Original zu O. ABEL, 1904. Gefunden in den Sandlagern von Linz a. d. Donau (?).

Sir. Nr. 8. Craniales Fragment (Supraoccipitale und Parietalia). Original zu O. ABEL, 1904. Gefunden in den Sandlagern von Linz a. d. Donau (?).

Sir. Nr. 11. Cranium (es fehlen die Intermaxillaria und die Basis des Gehirnschädels) und Reste der Unterkiefer. Gefunden am 27. Oktober 1926 in der Jungbauer-Sandgrube in Linz a. d. Donau (Neubeschreibung).

Sir. Nr. 22. Craniales Fragment (Supraoccipitale und Reste der Parietalia) eines jungen Tieres. Det. O. ABEL, 1904. Gefunden in den Sandlagern von Linz a. d. Donau.

Sir. Nr. 23. Craniumfragment (Supraoccipitale und Reste der Parietalia). Det. O. ABEL, 1904. Gefunden in den Sandlagern von Linz a. d. Donau (?).

Sir. Nr. 36. Mastoid. Gefunden in der Jungbauer-Sandgrube, Linz a. d. Donau 1926.

Sir. Nr. 58. Parietalrest (?). Gefunden in den Sandlagern von Linz a. d. Donau.

Sir. Nr. 5. Sternum (Corpus sterni). Original zu O. ABEL, 1904. Gefunden in den Sandlagern von Linz a. d. Donau.

Sir. Nr. 4. Humerus (proximales Ende). Original zu. O. ABEL, 1904. Gefunden in den Sandlagern von Linz a. d. Donau.

Sir. Nr. 7. Linke Scapula. Original zu O. ABEL, 1904. und C. EHRLICH, 1855. Gefunden in der Prixenhäusl-Sandgrube in Linz a. d. Donau 1854.

Sir. Nr. 9. 27 Rippen und 21 Wirbel in situ vorgefunden und konserviert. Original zu C. EHRLICH, 1855. Gefunden am 23. August 1854 in der Prixenhäusl-Sandgrube in Linz a. d. Donau.

Sir. Nr. 12. Wirbel. Gefunden in den Sandlagern von Linz a. d. Donau (Mathiaspfarre ?).

Sir. Nr. 13, 14 u. 15. Diverse Wirbel. Gefunden in den Sandlagern von Linz a. d. Donau.

Sir. Nr. 27. Wirbelfragment. Gefunden in den Sandlagern von Linz a. d. Donau.

Sir. Nr. 34. Wirbelfragment. Gefunden 5 m unter der Straßensohle bei der Zentralkellerei in Linz a. d. Donau 1931.

Sir. Nr. 45. Wirbelfragment. Gefunden in der Jungbauer-Sandgrube in Linz a. d. Donau.

Sir. Nr. 47. Wirbel. Gefunden in den Sandlagern von Linz a. d. Donau.

Sir. Nr. 16, 17, 18, 24, 40, 42. Diverse Rippenfragmente. Gefunden in den Sandlagern von Linz a. d. Donau.

Sir. Nr. 21, 32, 33, 37, 38 u. 48. Diverse Rippenfragmente. Gefunden in der Jungbauer-Sandgrube in Linz a. d. Donau.

Sir. Nr. 25, 26 u. 46. Diverse Rippenfragmente. Gefunden in der Sandgrube der oberen Kapuzinerstraße (Sandgrube bei der Mathiaspfarre) in Linz a. d. Donau.

Sir. Nr. 35. Rippenfragment. Gefunden in der Donatusgasse bei der Villa Reiß im Oktober 1927. Linz a. d. Donau.

Sir. Nr. 44. Rippenfragment. Gefunden in der Sandgrube der Gebrüder Hatschek in Linz a. d. Donau.

II. Allgemeine Bemerkungen

Wie aus der Liste des mir vorliegenden Materials vom Landesmuseum in Linz ersichtlich ist, scheint es sich bezüglich der Fundortsangaben um Reste von *Halitherium Christoli* zu handeln, die aus sehr vielen und verschiedenen Sandgruben stammen, die sich alle aber am Osthange des Freienberges, westlich der Stadt Linz, befinden. Die diesbezüglichen Nachforschungen, soweit solche überhaupt möglich waren, haben nun ergeben, daß es seit altersher in diesem Gebiete nur drei Sandgruben gegeben hat, u. zw. die heute als Jungbauer-Sandgrube benannte, die rechterseits der oberen Kapuzinerstraße liegt und zur Pfarre St. Mathias gehörig, bei der Zentralkellerei gelegen ist und die schon lange Zeit aufgelassene, an der linken Seite der oberen Kapuzinerstraße gelegene Sandgrube, wo sich gegenwärtig eine Fabrik der Brauerei Aktiengesellschaft befindet, welche sicherlich mit der Sichenbauern-Sandgstätten und Prixenhäusl-Sandgrube identisch ist, denn nur diese zwei großen und ältesten Sandgruben von Linz, die „Sandlager von Linz", hatten bisher fast alles fossile Sirenenmaterial geliefert. Als dritte gab es noch einst die sogenannte Hatschek-Sandgrube, die sich auf dem Weg von der Stadt zur Gugel befand, aus der aber nur ein einziges Rippenfragment bekannt wurde. Nach den Aufzeichnungen von L. J. FITZINGER hat es am Osthang des „Freyenberges" nur drei Sandgruben um das Jahr 1840 gegeben, von denen die mittlere, das wäre also die seit langer Zeit aufgelassene und vielleicht älteste Sandgrube, die linker Hand der oberen Kapuzinerstraße gelegen war und in der sich die Fabriksanlagen der Brauerei A. G. befinden. Die geologischen Verhältnisse dieser alten Sandgrube sind jedoch genau dieselben wie in der Jungbauer-Sandgrube, da diese deren unmittelbare Fortsetzung darstellt.

Der Fund eines Sirenenrestes aus der oberen Donatusgasse bei der Villa Reiß wurde gelegentlich einer Erdaushebung gemacht und gehört ganz entschieden auch der II. Meeresterrasse an. Die in einem nächsten Kapitel zu beschreibende Fundstelle im Lemonikeller scheidet hier für unsere Erwägungen aus, da es sich hier mehr um Kellerbauten handelt, obwohl auch hier eine kleine Sandgrube existiert. Außerdem ist der Name „Lemonikeller", Sandgasse usw. so alt, daß dieser bei irgend welchen Fundangaben bestimmt berücksichtigt worden wäre. Weiterhin ist man an dieser Lokalität erst in jüngster Zeit bei tieferen Kellerbauten auf die dort befindliche unterste und III. Strandzone gestoßen, aus der die Sirenenreste stammen.

Es scheint nun ziemlich sicher, daß das ganze Sirenenmaterial, das in der vorhergehenden Liste aufgeführt wurde, aus den Sandlagern der oberen Kapuzinerstraße stammt und somit der II. Meeresterrasse angehört, worauf auch ihr sehr ähnlicher Erhaltungszustand schließen läßt. Wie schon erwähnt, findet sich an der Basis dieser Sandgrube ein alter Strandhorizont vor, bestehend aus mächtigem Strandgeröll von kantgerundeten Gneisblöcken, das dem Grundgebirge, das hier stark ansteigt, unmittelbar aufliegt und stellenweise, so in den bergnahen Teilen der Grubensohle, zutage tritt. Über oder sehr nahe dem Strandgeröll liegen die einst vom Meere ausgespülten Skelettreste von Seesäugern, unter denen Sirenenknochen bedeutend überwiegen. Diese Strandzone, die sich in einer mittleren absoluten Höhe von 290 *m* ü. d. M. befindet, entspricht der mittleren Meeresterrasse.

Das hier gefundene Sirenenmaterial gehört zur Gänze zu *Halitherium Christoli* FITZ., unter dem sich ja auch das ganze Originalmaterial befindet, das unter anderem L. J. FITZINGER und O. ABEL in ihren klassischen Arbeiten beschrieben haben.

Über dem Strandgeröll liegen in der Jungbauer-Sandgrube auch die dieser Terrasse zugehörigen Strandsande von einer Mächtigkeit von fast 3 *m*, die in einem steilen Prallufer gegen den ehemaligen Strand abfallen. Hier befindet sich auch die in Abb. 4 ersichtliche Sandbank, die einst von den Wellen einer Sturmflut unterwaschen und zum Absturz gebracht wurde. Die Strandsande dieser Meeresterrasse lassen sich zum Teil auch lithologisch von den jüngeren, sie überlagernden Sanden der untersten und III. Strandzone ausscheiden. Sie unterscheiden sich ferner durch die Korngröße ihrer Quarzpartikeln und Orthoklasbruchstücke, durch die dunklere Farbe (bedingt durch einen etwas höheren Mangan- und Eisengehalt) und auch dadurch, daß sie etwas verhärtet sind, weshalb man ihrem Abbau unwillkürlich ausweicht (Abb. 4).

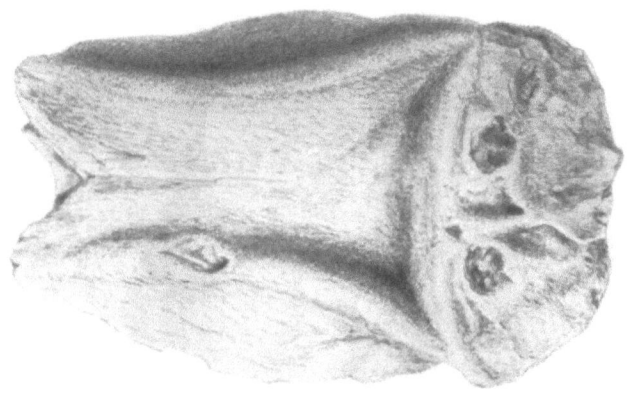

Abb. 8: Das Schädeldachfragment von *Halitherium Christoli* FITZ. (nach dem Original). Dorsale Ansicht (²/₃ nat. Gr.).

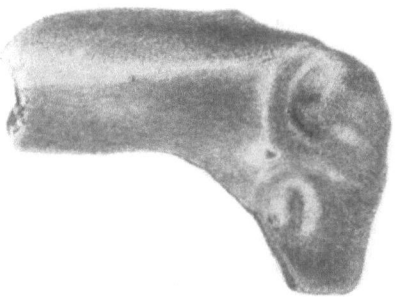

Abb. 9: Das Schädeldachfragment eines jungen *Halitherium Christoli* FITZ. aus den Linzer Sanden (nach dem Original). Dorsale Ansicht (²/₃ nat. Gr.).

Zu dem Material, das seinerzeit FITZINGER und ABEL vorlegten, gesellt sich nun der im Jahre 1926 aus der Jungbauer-Sandgrube stammende Schädel (Sir. Nr. 11; Abb. 10, 11 und 12), der uns weitere Aufschlüsse über den Schädelbau von *Halitherium Christoli* ermöglicht, da bisher nur ein Schädeldach (Sir. Nr. 8; Abb. 8) zur Untersuchung vorlag. Außerdem befindet sich in den alten Beständen des Landesmuseums in Linz noch ein Schädeldach eines jungen Individuums (Sir. Nr. 22; Abb. 9), bestehend aus dem Supraoccipitale und dem rechten Parietale, das ABEL 1903 determiniert haben soll, jedoch in seiner Arbeit (1904) keine Erwähnung findet.

III. Beschreibung der Sirenenreste aus den älteren Linzer Sanden

a) Die Schädelfragmente

Im nachfolgenden soll eine vergleichende Beschreibung des im Jahre 1926 gefundenen Sirenenschädels, des bisher besterhaltenen aus den Linzer Sanden, gegeben werden (Abb. 10, 11 und 12).

1. Das Os occipitale

Der langgestreckte, dabei aber sehr schmale und ziemlich hohe Hirnschädel zeichnet sich an seiner nackenseitigen Fläche durch eine eigenartig gestaltete, 18 *mm* dicke, querovale Squama occipitalis aus, die zeitlebens von den sie im ventralen und lateralen Teil

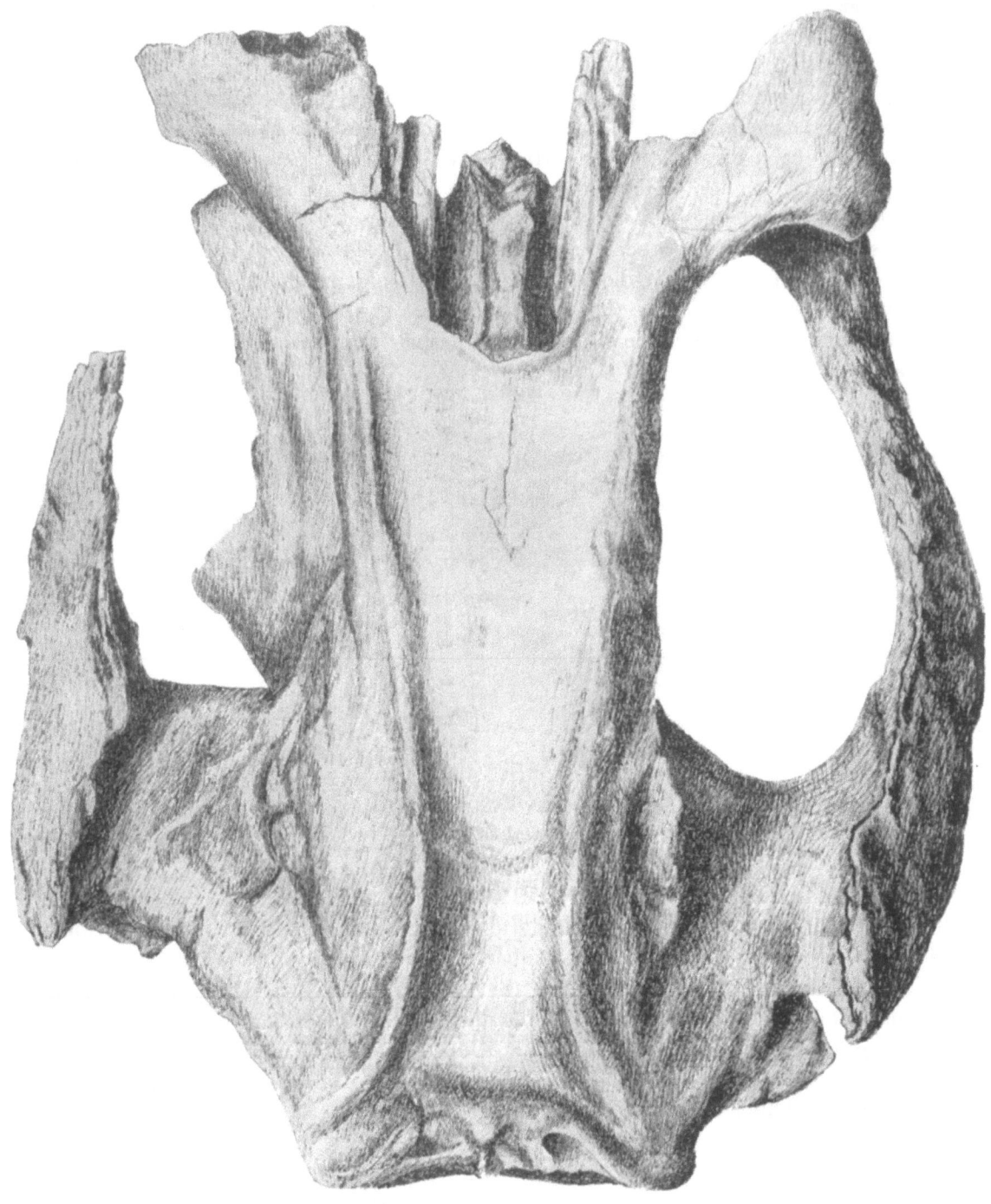

Abb. 10: Oberansicht des Schädels von *Halitherium Christoli* FITZ. aus der Jungbauer-Sandgrube in Linz an der Donau (Sir. Nr. 11) (ca. ³/₅ nat. Gr.).

umfassenden Exoccipitalia getrennt blieb. An seiner unteren Hälfte ist dieser Knochen ziemlich glatt, während an seinem dorsalen Teil, starke, wulstige Gruben und Leisten für Muskel und Bänder anzutreffen sind. Median verlaufend, beobachtet man eine bis zum zweiten Drittel herabreichende, breite und relativ niedrige Protuberantia occipitalis externa, die sich nach und nach erweitert und in das Planum der Schuppe übergeht. An ihrem dorsalen Ende bildet sie eine knopfförmige Erhebung, an dessen oraler Basis sich eine kleine kreisrunde Vertiefung vorfindet. Es scheint dies zumindest im jugendlichen Alter die

Öffnung zu einem Gefäßloch gewesen zu sein, kann aber wegen des schlechten Erhaltungszustandes des Knochens nicht nachgeprüft werden. Ich erwähne dieses Foramen deshalb, weil ein ähnliches bei dem von ABEL beschriebenen Schädeldach an dieser Stelle vorhanden war, nur mit dem Unterschied, daß der von dieser Öffnung kommende Kanal im Knochen der Schuppe unter der Protuberantia occipitalis externa verborgen ist, hier aber dadurch oberflächlich verläuft, weil der Hinterhauptstachel an jener Stelle in zwei seitliche Erhebungen geteilt wird. Erst ungefähr in der Mitte der Squama endet diese Gefäßrinne und tritt durch ein Foramen in den Knochen ein, zieht nun in Form eines Kanals schräg nach abwärts und erreicht unmittelbar unterhalb der Eminentia cruciata bzw. Protuberantia occip. int. die Schädelhöhle. Dieselben Verhältnisse finden wir aber auch bei dem Schädeldach eines jungen Exemplars (Sir. Nr. 22), wo dieses Foramen des Squamosum am dorsalen Rande der Prot. occip. ext. in die schräggestellte Schuppe eintritt, um an ihrer Innenseite an der bezeichneten Stelle zu münden. Beiderseits des Hinterhauptstachels, unmittelbar unter der Linea nuchalis superior finden sich je eine tiefe fast runde Muskelgrube, die mit Ausnahme ihres dorsalen Randes von einem breiten und sehr kräftigen Knochenwulst umgeben sind. Je nach der Massigkeit des Schädels sind diese Muskelgruben stärker oder schwächer und bei dem jugendlichen Tier relativ noch sehr flach. Der laterodorsale Seitenrand der Schuppe, der zur Anheftung der rückwärtigen Partien des Temporalmuskels dient, biegt sich nach rückwärts wulstig auf, wodurch der kräftige Genickkamm bogenförmig in die Parietalregion vordringt.

Vergleichende Maße	Sir. Nr. 11 altes Tier	Sir. Nr. 8 erwachsenes Tier	Sir. Nr. 22 junges Tier
Höhe der Squama occipitalis an ihrer Mittellinie	63 mm	52 mm	39 mm
Breite der Squama occipitalis an ihrer Mitte	80 mm	75 mm	59 mm
Größte Breite des Hinterschädels an der Linea nuchalis superior	82 mm	72 mm	60 mm
Dicke der Squama occipitalis unterhalb der Eminentia cruciata	18 mm	11 mm	8 mm

2. Die Parietalia

Der aborale Teil des Schädeldaches wird von den sich sehr frühzeitig schließenden und miteinander vollkommen verknöcherten, 16—18 mm dicken Parietalia gebildet, deren Planum parietale zwischen den distant voneinander verlaufenden Temporalleisten tief eingesenkt ist. Diese Temporalleisten sind am Schädel aus der Jungbauer-Sandgrube noch viel höher und scharfkantiger als bei dem von O. ABEL beschriebenen Exemplar (Sir. Nr. 8). Auch hier nähern sie sich bis gegen die Mitte der Scheitelbeine, werden dann rasch niedriger und beginnen sich wieder voneinander zu entfernen und ziehen über die Spitze des Frontalfortsatzes der Parietalia zur Frontalregion. Die interparietale Naht ist noch angedeutet. Die Pars temporalis fällt sehr steil nach der Fossa temporalis ab und zeichnet sich durch kräftige und rauhe Muskelansätze gegenüber des von ABEL beschriebenen anscheinend etwas jüngeren Individuum aus, bei welchem die Oberfläche fast glatt ist. Am Schädeldach des jugendlichen Exemplars finden wir dagegen an der Pars temporalis eine deutliche Aufwölbung des Knochens gegen die Fossa temporalis, denn es ist typisch für Jugendformen im allgemeinen, daß die Schläfeneinschnürung noch viel geringer ist als bei erwachsenen Tieren. Dadurch ist es auch zu erklären, daß die Parietalregion bei *Halitherium Christoli*

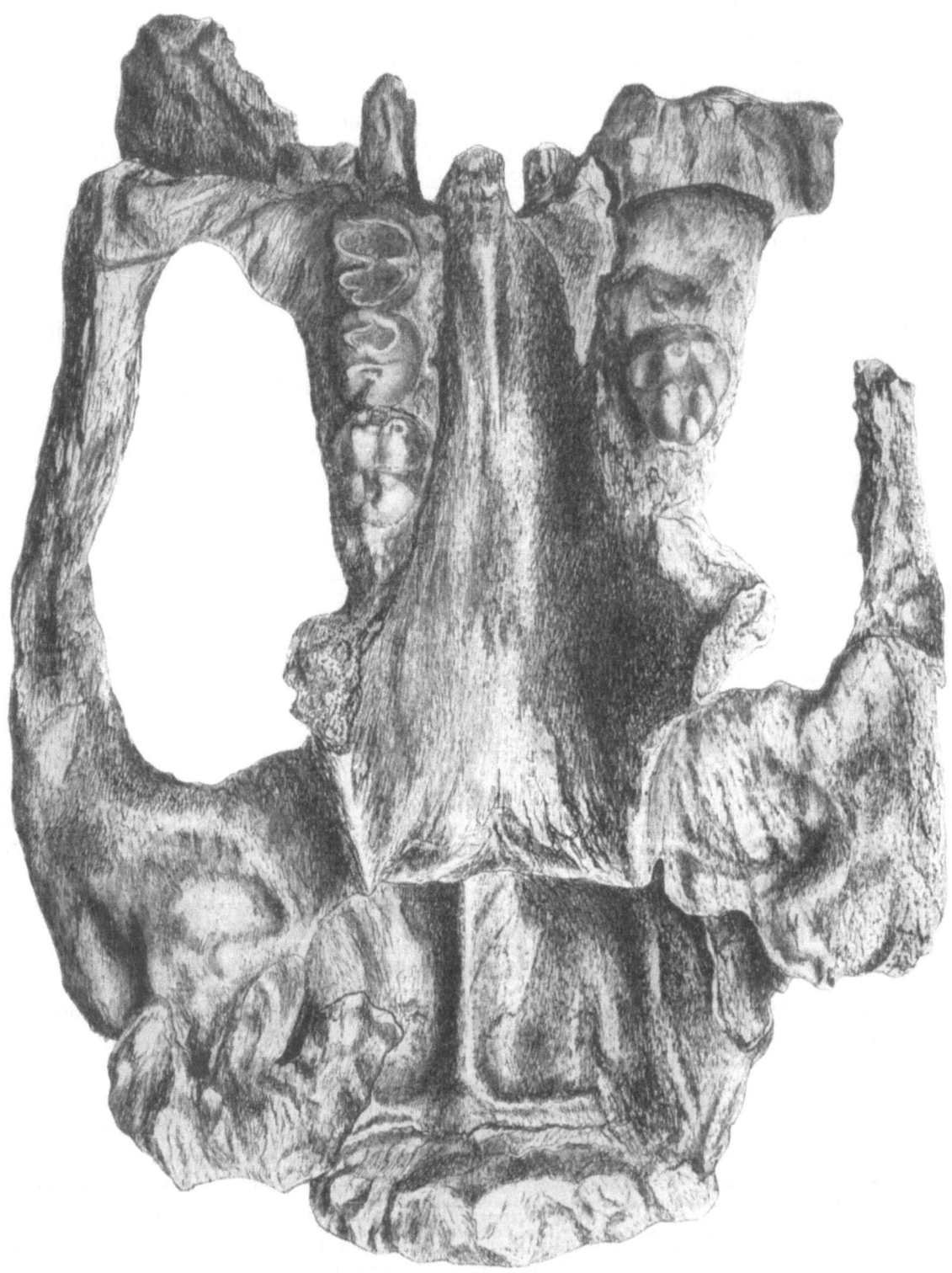

Abb. 11: Die basale Ansicht des Schädels von *Halitherium Christoli* FITZ. aus der Jungbauer-Sandgrube in Linz an der Donau (Sir. Nr. 11) (ca ³/₅ nat. Gr.).

im jugendlichen Zustand relativ breiter ist als bei den ausgewachsenen Individuen. Die Scheitelbeine sind bei diesem jungen Tier wohl viel dünnknochiger, doch finden wir hier im Gegensatz zur Sirene aus Perg *(Halitherium pergense)* doch ein gewisses Artmerkmal darin, daß sie im Bereiche der Parietofrontalnaht wieder viel dickwandiger werden. Wie nun die eben angeführten anatomischen Merkmale zeigen, bleibt auch bei den fossilen Seekühen während der individuellen Entwicklung des Schädels das Längenwachstum der Knochen anfangs hinter dem Breitenwachstum stark zurück, wodurch der Schädel jugendlicher Tiere stets kürzer ist und eine mehr rundliche Form besitzt. Dies ist übrigens eine allgemeine Erscheinung, die fast bei allen Säugetieren zu beobachten ist.

Am rückwärtigen Teil der Pars temporalis der Scheitelbeine finden wir auch eine breite Schuppennaht, die einerseits bis zum Temporalkamm aufsteigt und anderseits sich caudal an das Supraoccipitale anlehnt. Hier überdeckt bei ausgewachsenen Tieren der Processus aboralis der Squama temporalis die Parietalia. Eine derartige Schuppennaht fehlt jedoch bei unserem jugendlichem Exemplar noch vollkommen, da sich der langgestreckte und flach aufsteigende Ast der Squama temporalis aus entwicklungsmechanischen Gründen noch nicht so weit vorgeschoben hat, eine Tatsache, die ebenfalls durch das Zurückbleiben des Längenwachstums hinter der Breitenentwicklung zu erklären ist.

Die Innenfläche des Schädeldaches zeigt auch bei der Jugendform eine kräftige, wohl etwas niedrigere Crista sagittalis interna, die sich gleich wie bei dem alten Exemplar gegen die Parietofrontalnaht stark verflacht und dafür viel breiter wird. Auch die Eminentia cruciata mit einer sehr hohen Protuberantia occipitalis interna ist, dem Größenverhältnis entsprechend, bei unseren Vergleichsstücken relativ gut entwickelt, ebenso wie die tiefen dreieckigen Gruben am lateroventralen Ende der breiten und kräftigen Seitenschenkel der Prot. occip. int. Nur bei dem Exemplar aus der Jungbauer-Sandgrube sind diese Vertiefungen viel schmäler, rillenförmig und etwas gegen die Schädelmitte verlagert und werden nicht wie am Schädeldach, das ABEL beschrieben hat, von einem breiten, quer über die Hinterhauptschuppe verlaufenden Knochenwulst nach unten begrenzt, sondern gehen allmählich auf die flache Innenwand der Occipitalschuppe über.

Vergleichende Maße		Sir. Nr. 11 altes Tier	Sir. Nr. 8 ausgewachsenes Tier	Sir. Nr. 22 junges Tier
Länge der Parietalia an der Interparietalnaht		71 mm	71 mm	62 mm
Größte Länge der Parietalia		118 mm	107 mm	68 mm
Innerer Abstand der Temporalleisten	rückwärts	45 mm	55 mm	40 mm
	an der Mitte	27 mm	28 mm	37 mm
	vorne	34 mm	36 mm	48 mm
Breite des Schädeldaches an den Temporalleisten	rückwärts	66 mm	68 mm	49 mm
	an der Mitte	38 mm	39 mm	50 mm
	vorne	47 mm	47 mm	62 mm
Dicke des Schädeldaches an der Interparietalnaht, über der Crista sagitt. int.	rückwärts	36 mm	35 mm	21 mm
	an der Mitte	20 mm	21 mm	7 mm
	vorne	24 mm	22 mm	11 mm

Zu diesen Maßen will ich bemerken, daß sich die Sir. Nr. 11 als altes Exemplar von Sir. Nr. 8, einem jüngeren, wohl ausgewachsenen Tier, und bei weitem noch mehr von Sir. Nr. 22, einem jugendlichen Tier, durch den viel längeren Proc. frontalis der Scheitelbeine auszeichnet.

Abb. 12: Die Seitenansicht des Schädels von *Halitherium Christoli* FITZ. aus der Jungbauer-Sandgrube in Linz an der Donau (Sir. Nr. 11) (ca $^3/_5$ nat. Gr.).

Die parietofrontale Naht ist bei der Sirene aus der Jungbauer-Sandgrube (Sir. Nr. 11) schon vollkommen geschlossen und verknöchert, während sie bei beiden anderen Tieren noch offen ist, weshalb auch die Stirnbeine in Verlust gehen konnten. Weiters ergeben die vergleichenden Maße, daß die Schädeleinschnürung in der Schläfenregion noch mit zunehmendem Alter anhält und ihren Höhepunkt an der rückwärtigen Parietalregion erreicht und daß ferner bei jugendlichen Tieren die Breite der parietalen Region des Schädeldaches, speziell an ihrer Mitte und am oralen Ende, bei weitem die erwachsenen Tiere übertrifft, was durch eine besondere Verstärkung des überaus kräftigen und fast horizontal verlaufenden Temporalmuskelabschnittes erst im vorgeschrittenen Alter zu erklären wäre. Sichtlich stark sind ja auch erst bei ganz alten Tieren die Muskelansätze für den M. temporalis an der Mitte und der rückwärtigen Portion des Planum temporalis der Scheitelbeine sowie ihre Temporalleisten.

3. Die Frontalia

Die mächtigen Stirnbeine nehmen bei weitem den größten Anteil an der Bildung des Schädeldaches. Sie reichen mit ihren aboralen Rändern im Bereiche der Schädelmitte keilförmig in die Scheitelbeine hinein. Wie nun die Untersuchung an dem Schädelfragment eines jungen Tieres zeigt, treten diese Verhältnisse erst im vorgeschrittenen Alter auf, wo, bedingt durch eine größere mechanische Beanspruchung, sich der Processus frontalis der Parietalia immer mehr und mehr vergrößert und verlängert, um sich schließlich tief in den Stirnbeinen zu verankern. Bei der jungen Sirene ist nämlich dieser Frontalfortsatz der Scheitelbeine noch sehr kurz, sodaß die mittlere Frontoparietalnaht in Form eines sehr stumpfen Winkels ausgebildet ist. Das hohe und glatte Planum temporale entsendet ferner unterhalb der Linea temporalis der Scheitelbeine einen aboral gerichteten, breiten und kräftigen Fortsatz von keilförmiger Gestalt, der in caudaler Richtung zwischen den Parietalia und Schläfenbeinschuppe vordringt. Unterhalb dieses Fortsatzes grenzen die Stirnbeine mit einer hohen und vertikal verlaufenden Naht an die Squama temporalis und an ihrem ventralen Rande in einer langen Sutur an die Maxillen. Das breite Planum frontale, das sich nach vorne etwas erweitert, liegt fast in einer Ebene, die sich nur kaum merkbar nach der Fossa nasalis senkt, und zeichnet sich durch den Besitz kräftiger Muskelleisten an ihren lateralen Rändern aus, die nach vorne schwach divergieren und als Crista frontalis externa anzusprechen sind. Das Planum temporale ist scharfkantig vom Schädeldach abgesetzt und bildet mit diesem einen spitzen Winkel von 86°, wodurch der Schädel an der Grenze zwischen den Stirnbeinen und Maxillen seine geringste Breite und seine stärkste Einschnürung erfährt. An der Übergangsstelle der Frontalfortsätze der Scheitelbeine zur Crista frontalis externa bemerkt man eine seitliche Verbreiterung des Schädeldaches, die durch eine wulstige Erhabenheit des Knochens ausgezeichnet ist. An ihrem vorderen Rande sind die Stirnbeine tief eingeschnitten und bilden einen hochovalen und breiten Ausschnitt, dem sich seitlich die schmalen Nasenfortsätze der Zwischenkiefer anlegen, die nahezu bis zu seiner Basis reichen. Nur am rückwärtigen Rand dieses Ausschnittes findet sich beiderseits der Mittellinie die offene Naht für die verlorengegangenen, wahrscheinlich sehr kleinen Nasenbeine. Bedingt durch die weite Fossa nasalis, biegt sich nun das orale Ende des Stirnbeines in ihrer Pars nasalis seitlich aus und zieht bis über die Orbita, einen wulstigen ausnehmend wuchtigen und dicken Margo orbitalis bildend. Dieser Augenhöhlenfortsatz des Os frontale lehnt sich median in breiter Masse an das Intermaxillare an und bildet an seinem freien caudolateralen Rande einen niedrigen, doch wuchtigen Processus zygomaticus, der nur wenig nach unten reicht, jedoch die Lage und Form der Orbita andeutet. An ihrer ventralen Fläche sind die Augenhöhlenfortsätze schwach abgerundet und bilden an der Übergangsstelle zum Planum orbitale eine tiefe Grube, die von einem mächtigen Foramen ethmoideum durchbohrt wird, das zur Nasenhöhle führt.

Maße	
Länge der Stirnbeine an der Interfrontalnaht	85 mm
Größte Länge der Stirnbeine	168 mm
Breite des Schädeldaches an der Parietofrontalnaht	65 mm
Breite des Schädeldaches am aboralen Rand der Fossa nasalis	68 mm
Breite des Schädeldaches am Vorderrand der Stirnbeine	158 mm
Tiefe des Nasenausschnittes	73 mm
Breite des Nasenausschnittes (rekonstruiert)	95 mm
Höhe des Planum temporale am Vorderrand des Proc. frontalis der Scheitelbeine	65 mm
Größte Dicke der Pars orbitalis (Augenhöhlenfortsatz)	38 mm
Breite der Pars orbitalis an der Mitte: a) rechts	39 mm
b) links	50 mm
Länge der Pars orbitalis	49 mm

4. Die Nasenhöhle

Diese ist als relativ klein zu bezeichnen und charakterisiert sich dadurch, daß sie durch eine kräftige, vollkommen ossifizierte Lamina media in zwei Teile geteilt ist. In jedem dieser Nasenhöhlenräume befinden sich knöcherne Gebilde von langgestreckter Form und hochovalem Querschnitt, die sich gegen ihr orales und aborales Ende verjüngen. Sie liegen der lateralen Nasenwand an und sind mit derselben wenigstens zum Teil knöchern verwachsen, sodaß es den Eindruck erweckt, als würde es sich bei diesen Gebilden um umgeänderte Ectoturbinalia handeln, deren Blättchen untereinander verwachsen sind. Durch die vermutlichen Ectoturbinalia wird die Nasenhöhle noch bedeutend verschmälert, sodaß der freie Nasenraum die Gestalt einer hochgestellten Spalte annimmt. Die kräftige Lamina media verschmilzt an ihrem ventralen Rande vollkommen mit dem ebenfalls stark entwickelten Vomer zu einer einheitlichen, vertikal gestellten Knochenplatte, die ihrerseits auch den oralen Teil des Nasenrachenganges zweiteilt.

5. Das Schläfenbein

Das Schläfenbein, das mit ihrer großen Squama temporalis im Bereiche der hinteren Schläfengrube die Seitenwand des Cranium cerebrale bildet, ist an unserem Fossil nur an der rechten Schädelhälfte vollkommen erhalten. Das Squamosum bildet an seinem dorsalen Rande die fast horizontal verlaufende parietotemporale Naht, die erst bei ganz alten Tieren geschlossen wird. An ihrem caudoventralen Ende sendet sie einen langen und breiten Fortsatz aus, der bis unter die Linea temporalis ansteigt und sich mittels einer Schuppennaht über das rückwärtige Planum temporalis der Scheitelbeine lagert. Eine deutlich erkennbare Knochenverstärkung zieht von der weiten Fossa temporalis zu diesem aboralen Processus und bildet in dieser Region eine mechanisch bedingte Verfestigung der Schädelkonstruktion. An diese leistenförmige Verstärkung des Squamosum schließt sich das mächtige Mastoid an, das die Lücke zwischen dem Exoccipitale und dem Basioccipitale mit dem Squamosum ausfüllt. Das Mastoid ist mit der Schläfenbeinschuppe nur unvollständig verwachsen, und an ihrem oroventralen Teil legt es sich nur lose an die rückwärtige Fläche des Proc. zygomaticus an, bzw. greift noch mit einem wulstigen Fortsatz in eine tiefe Grube an dessen Basis, unmittelbar über dem Proc. postglenoideus, über. Die Pars mastoidea, die nur an der rechten Seite des Schädels erhalten blieb, ist ganz besonders dickwandig. Sie ist an ihrem dorsalen Teil, wo sich das Perioticum an die Innenwand anlagert, 17 mm stark, wird unterhalb dieser Stelle sogar 30 mm dick, um schließlich den kräftigen Proc. retrotympanicus zu entsenden, der sich mit seinem freien Ende nach vorne abbiegt. An dem rückwärtigen Rande nimmt die Pars mastoidea an der Bildung der stark vorspringenden Crista temporalis Anteil. Der Meatus acusticus liegt unterhalb des caudalen und freien Vorsprunges des Zygomaticums und wird ausschließlich von der Pars mastoidea gebildet. Da diese der Proc. retrotympanicus bis an seine ventrale Seite umgreift, ist seine knöcherne Umgrenzung nur am oroventralen Rande unterbrochen.

Das Petrosum ist einerseits mit dem Tympanicum verbunden und anderseits mit diesem dem Mastoideum innigst angeschlossen. Es besitzt die Form einer glatten, dreiseitigen Pyramide, die mit ihrer breiten Basis an der Innenwand des Mastoids und zum Teil des Exoccipitale aufliegt. Es zieht in oroventraler Richtung gegen die Schädelhöhle und besitzt eine Länge von 50 mm. Die rückwärtige Fläche des Felsenbeines erscheint schwach ausgehöhlt, während die äußere nahe ihres ventralen Endes einen kräftigen Knochenwulst aufzuweisen hat. Dieser vorgelagert findet man das relativ kleine ringförmige Tympanicum, das mit seinem dorsalen Rande mit der Pars mastoidea vollkommen verschmilzt. An seinem ventralen Rande ist dieses frei, etwas verdickt und schwach blasenförmig aufgetrieben.

An der ventralen Außenseite der Squama temporalis entspringt der breite und dorsoventral abgeflachte Processus zygomaticus. Dieser wendet sich dann nach vorne, um den hohen und seitlich zusammengedrückten Jochbogen zu bilden. Der Jochbogen, der nach rückwärts einen kräftigen Fortsatz entsendet, schließt mit der Schläfenbeinschuppe eine tiefe und lange Fossa temporalis posterior ein. An seiner ventralen Fläche findet man in der Mitte eine tiefe querovale Gelenksgrube, die nach rückwärts von einem sehr kräftigen Proc. retroglenoideus, der vom Mastoideum gebildet wird, abgeschlossen ist, während sie nach vorne vollkommen offensteht. Die Fossa mandibularis ist schwach nach außen geneigt, und ihre Hauptachse schließt mit der Schädelachse einen Winkel von 72° ein.

Maße	
Höhe der Temporalschuppe an ihrer Mitte	55 mm
Höhe der Schuppe am Proc. aboralis (Vertikalabstand)	87 mm
Breite der Schuppe	72 mm
Breite des Proc. zygomaticus an seiner Basis	77 mm
Länge des Proc. zygomaticus	50 mm
Breite der Fossa temporalis posterior (Mitte)	30 mm
Höhe des Jochbogens über der Fossa temporalis posterior	36 mm
Länge des rückwärtigen Fortsatzes des Arcus zygomaticus	9 mm
Breite der Fossa mandibularis	25 mm
Länge der Fossa mandibularis	17 mm
Höhe des Proc. zygomaticus vor der Fossa mandibularis	12 mm
Höhe der Pars mastoidea	73 mm
Länge der Pars mastoidea	34 mm
Durchmesser des Meatus acusticus	12 mm

6. Die Oberkieferregion und die Schädelbasis

Die hohen und kräftigen Maxillarkörper sind in der Höhe des letzten Prämolaren beiderseits vorne abgebrochen, und nur an der rechten Schädelhälfte ist der transversal weit vorspringende Proc. zygomaticus erhalten geblieben. Gegen ihr aborales Ende gehen die Oberkiefer ohne merkbare Grenze in die mächtigen und sehr hohen Pterygoidfortsätze über. Von der frontomaxillaren Naht, dort, wo der Schädel seine stärkste Einschnürung aufzuweisen hat, fallen die Oberkieferkörper in stark schräger Richtung nach außen ab und bilden eine glatte und hoch aufgewölbte Außenfläche. Ihr ventraler Rand trägt auf der rechten Seite drei und auf der linken Seite bloß einen Molar, u. zw. den dritten. Der Limbus alveolaris verbreitert sich nach vorne ziemlich stark. Auch die Innenfläche des Maxillarkörpers ist merklich nach außen geneigt, u. zwar an ihrem caudalen Teil stärker als am vorderen Rande. Die zwischen den Maxillarkörpern gelegene Schädelbasis läßt ihre Komponenten auf Grund einer weitgehenden Verschmelzung dieser nur sehr schwer erkennen. Zwischen die weit ausholenden Pterygoidfortsätze schiebt sich der Keilbeinkörper etwa 37 mm in oraler Richtung ein (gemessen von der offenen Naht zwischen Basioccipitale und Basisphenoid). Es folgt scheinbar ein ziemlich langgestreckter Körper des Praesphenoids und schließlich der Vomer. Palatinum und Proc. palatinus der Maxillen fehlen an unserem Fossil, sie scheinen jedoch, wie dies bei den Sirenen allgemein der Fall ist, sehr weit oral gelegen zu haben. Die Schädelbasis hat am aboralen Rande des Basisphenoides eine Breite

Maße	
Länge des Limbus alveolaris (unvollständig)	85 mm
Breite des Limbus alveolaris am Hinterrande des M^3	18 mm
Breite des Limbus alveolaris am Vorderrande des M^2	31 mm
Höhe der Maxillarkörper über der Schädelbasis am Hinterrande des M^3	39 mm
Höhe der Maxillarkörper über der Schädelbasis am Hinterrande des M^1	38 mm
Innerer Abstand der Maxillarkörper am Hinterrand des M^3	40 mm
Innerer Abstand der Maxillarkörper an der Mitte des M^1	31 mm
Höhe der Pterygoidfortsätze über der Schädelbasis	47 mm
Größte Dicke des freien Pterygoidfortsatzes	15 mm
Länge des freien Pterygoidfortsatzes in der Höhe des Limbus alveolaris	44 mm
Maximalster Abstand der Pterygoidfortsätze	70 mm
Höhe des Basisphenoides	25 mm
Breite des Basisphenoides	37 mm

von 32 *mm* und verjüngt sich nach und nach, um in der Höhe des Vomers nur mehr 21 *mm* zu messen. Der Orbitalflügel des Keilbeines ist sehr niedrig und stößt an den am ventralen Rand der Squama temporalis entspringenden Jochfortsatz an. An seinem Vorderrande, dort wo der orale Teil des Proc. zygomaticus das Planum temporale erreicht, befindet sich die Mündungsöffnung eines gemeinsamen großen Foramen opticum, das den Durchtritt des Nervus opticus, den Oberkieferast des N. trigeminus und die Nerven der Augenhöhle vermittelt. Von dieser Schädelöffnung kommend, zieht nun an der Außenfläche eine breite Gefäßrinne, ungefähr an der Grenze zwischen Frontale und Maxillen, gegen die weit nach vorne verlagerte Augenhöhle.

Die wenig differenzierte dorsale Fläche des Basi- und Praesphenoides, die die basale und vordere Schädelhöhle begrenzen, zeichnet sich durch eine kurze, an ihrem oralen Teil jedoch sehr hohe Crista galli aus, die in die Fissura longitudinalis cerebri tief eingriff, um die nasalen Abschnitte der Hemisphären, die Stirnlappen, weitgehend zu trennen. Am lateralen Rande des Corpus basisphenoidei finden wir jederseits eine seichte Nervenrinne, die oral zu dem mächtigen Foramen opticum führen. Die große und langgestreckte Fossa ethmoidea, von der die mächtigen Riechlappen aufgenommen werden, ist durch starke Knochenleisten, die von der Innenplatte des aboralen Stirnbeines weit herabreichen, von der großen Schädelhöhle weitgehend abgegrenzt. Bei dem Sirenenrest aus der Jungbauer-Sandgrube sind diese nicht auspräpariert und von Material ausgefüllt.

Der Jochbogen, der die mächtige Fossa temporalis nach außen begrenzt, ist weit abstehend. Er ist in seinem allgemein nach vorne abfallenden Verlauf annähernd von gleicher Höhe und Breite, und nur an seinem caudodorsalen Rand finden sich etwas stärkere Protuberanzen für kräftigere Muskelansätze. Die Nähte zwischen dem Os zygomaticum und dem Proc. zygomaticus der Squama temporalis sowie dem Proc. zygomaticus der Maxillen sind vollkommen verwachsen, sodaß er ein einheitliches Ganzes bildet. Er ist nur an der rechten Schädelseite erhalten und fehlt zum Teil an seinem oralen Teil der anderen Seite. Leider sind auch die vorderen Partien dieses beiderseits abgebrochen, sodaß über die Größe und wirkliche Gestalt der Orbita, speziell über deren oralen Abschluß, keine Angaben zu machen sind. Eines nur steht fest, daß die seitlich sehr breit auslaufende vordere Jochbogenwurzel wenigstens zum Teil an der Bildung der aboralen Augenhöhlenbasis beiträgt. Diese Art der Vorverlagerung der Orbita vor die allseits vom Jochbogen begrenzten einheitlichen Temporalgruben ist entschieden eine Eigenart der Sirenen. Außerdem ist die relativ kleine Augenhöhle an unserem Fossil stark nach außen verlagert, wie dies auch die weit seitlich auslaufenden Orbitalfortsätze der Stirnbeine zeigen, die ihr Dach bilden, eine Erscheinung, die mit dem Unterwasserleben in Einklang zu bringen ist.

7. Der Schädel als Ganzes

Der schmale und langgestreckte Hirnschädel läßt schon bezüglich seiner Abgrenzung zum Gesichtsschädel die Tendenz einer Abknickung an deren Übergang erkennen. Wir finden daher einerseits, daß sich das Schädeldach sowohl in seiner Scheitel- wie auch Stirnregion ausnehmend in die Länge zieht, während die Knochen der mittleren Schädelbasis, speziell die Oberkiefer und das Gaumenbein, stark eingeengt sind. Im Querschnitt zeigt der Schädel eine fast x-förmige Gestalt, die dadurch zustande kommt, daß er an seiner Basis auffallend stark eingeschnürt ist, während sich das Planum temporale der Stirnbeine und die Maxillaren gegen ihre dorsalen, aber auch ihre ventralen Ränder stark nach außen erheben. Das fast ebene Schädeldach setzt sich in der langen Linea temporalis und Crista frontalis externa scharfkantig gegen die mächtige Fossa temporalis ab, die einen Längendurchmesser von 106 *mm* und eine Breite von annähernd 62 *mm* hat. Der Jochbogen ist im Vergleich zur Wuchtigkeit des Schädels nicht übermäßig stark und sinkt, ziemlich geradlinig verlaufend, gegen sein orales Ende etwas ab. Mächtig und breit ist die rückwärtige Temporalgrube, die sich tief zwischen Schuppe und Jochbogen über dem Processus zygomaticus des Temporale einsenkt (Fossa temporalis posterior). Exoccipitalia und das Basioccipitale fehlen an unserem Schädel, da diese auch hier, ähnlich wie bei allen Sirenen als Wasserbewohner, aus mechanischen Ursachen nur lose mit dem Schädel verbunden blieben. Die Pneumatisation der einzelnen Schädelknochen ist vollkommen aufgehoben und selbst die zur Diploë normalerweise zusammengepreßte Spongiosa ist durch kompakte Substanz ersetzt, um das spezifische Gewicht zu erhöhen. An der Schädelbasis finden wir die ausnehmend hohen Maxillaren, die relativ weit nach rückwärts verlagert erscheinen und gegen ihren oralen Rand merklich konvergieren. Sie bilden die seitliche Begrenzung des ausnehmend hohen und weiten Ductus nasopharyngicus, den ein stark entwickelter Vomer teilt. Die zur Aufnahme des Großhirns bestimmte große Schädelhöhle ist bei dieser fossilen Sirene besonders gut entwickelt, ebenso wie die Fossa ethmoidea, in der die großen Riechlappen zu liegen kamen. Dafür scheint die kleine Schädelhöhle von relativ geringem Ausmaß gewesen zu sein.

Die kurze und blindsackartige Nasenhöhle ist durch ihre überaus dicke Scheidewand und die Ectoturbinalia sehr engräumig geworden und hat im Querschnitt die Form eines auf die Ecke gestellten Quadrates, das diagonal von der Nasenscheidewand in zwei Abteilungen geteilt wird.

Schließlich sind noch die sehr kleinen Augenhöhlen zu erwähnen, die sehr weit oral verlagert sind und durch die sich mächtig entwickelnden Zwischenkieferbeine weit von der Schädelmitte abgerückt und nach vorne verschoben wurden. Das Auge selbst kann nur sehr klein und seitlich gerichtet gewesen sein.

Maße	
Länge des Schädeldaches an der Mediannaht (Linea nuchalis superior bis Vorderrand der Stirnbeine)	164 mm
Maximalste Länge des Schädeldaches (Linea nuchalis superior bis Vorderrand des Proc. orbitalis der Stirnbeine	247 mm
Größte Breite des Schädels an den Jochbögen (rekonstruiert)	190 mm
Größte Breite am Hinterschädel (rekonstruiert)	170 mm
Höhe des Schädels am Proc. pterygoideus	135 mm
Höhe des Schädels am zweiten Molar	108 mm
Länge des Jochbogens	184 mm
Breite des Jochbogens an seiner Mitte	15 mm
Höhe des Jochbogens an seiner Mitte	31 mm

8. Die Zähne im Oberkiefer

Der fossile Sirenenschädel aus der Jungbauer-Sandgrube hat am linken Oberkieferast nur den letzten (dritten) Molar, am rechten jedoch alle drei Molaren erhalten (Abb. 13 und 14). Der erste Zahn der rechten Zahnreihe, die insgesamt 65 mm mißt, ist sehr stark abgekaut und zur Beschreibung wenig geeignet.

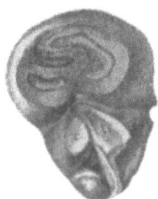

Abb. 13: Der dritte obere Molar von *Halitherium Christoli* FITZ. (nach O. ABEL) (nat. Gr.).

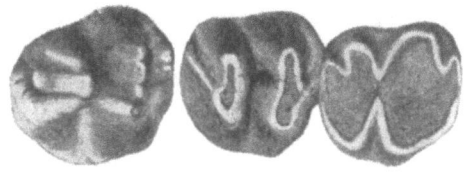

Abb. 14: Die oberen Molaren (dext.) von *Halitherium Christoli* FITZ. aus der Jungbauer-Sandgrube bei Linz an der Donau (nat. Gr.).

Der dritte obere Molar:

Das vordere Basalband (t_1) ist gut ausgebildet, breit und erreicht seine größte Höhe an der Innenseite vor dem Protocon (pr); es besitzt an der Außenseite noch drei sehr kleine, eigentlich nur angedeutete, niedrige Höcker, wovon der mittlere der höchste ist. Am linken Zahn ist dieser mittlere Höcker etwas nach vorne gegen das Zahnzentrum verlagert, am rechten Zahn liegen jedoch alle drei in einer Reihe. An ihrer höchsten Erhebung ist das Basalband knopfförmig verdickt.

Die vordere und rückwärtige Höckerreihe sind durch ein tief eingeschnittenes Quertal sowohl bei diesem Zahn als auch am zweiten oberen Molar getrennt, wobei ein innerer Basalpfeiler nicht einmal angedeutet wird. Der Metaconulus (ml) ist dem Hypocon (hy) und der Paracon (pa) dem Protoconulus (pl) sehr genähert, während zwischen Protoconulus und Protocon einerseits und Metacon und Metaconulus anderseits eine starke Trennung angedeutet ist. Während die Höcker der vorderen Reihe in einer Linie angeordnet sind, liegen die der rückwärtigen Reihe in einem nach vorne verlaufenden Bogen.

Metaconulus und Hypocon bilden den höchsten Teil des Zahnes und werden deshalb auch als erste abgekaut. Das an der Mitte etwas in oraler Richtung abgebogene Quertal ist tief eingeschnitten und vollkommen glatt.

Das rückwärtige Basalband (t_2) fällt mit einem scharfen Kamm, vom Hypocon beginnend, ab, biegt sich nach außen um und bildet zwei deutliche Höcker, die ihrerseits vom Metacon und Metaconulus durch eine tiefe Senke getrennt sind.

Der zweite obere Molar:

Er unterscheidet sich, abgesehen von geringen Größenunterschieden, vom dritten Molar durch das viel schlankere rückwärtige Basalband, wo wohl jener absteigende Kamm vom Hypocon noch vorhanden ist, der aber keine Nebenhöcker zur Ausbildung bringt.

Der erste Molar:

Dieser ist bei unserem Fossil sehr stark abgekaut, sodaß nur dessen Maße einen Unterschied erkennen lassen.

	Maße	
M^3	Länge	24 mm
	Breite am vorderen Querjoch	20,5 mm
	Länge des vorderen Querjoches	12,5 mm
	Länge des rückwärtigen Querjoches	7 mm
	Länge des rückwärtigen Basalbandes	4,5 mm
	Breite des rückwärtigen Querjoches	14 mm
	Breite des rückwärtigen Basalbandes	8 mm
	Höhe des vorderen Querjoches am Protocon	14 mm
	Höhe des rückwärtigen Querjoches am Hypocon	15 mm
M^2	Länge	21 mm
	Breite des vorderen Querjoches	21,5 mm
	Breite des rückwärtigen Querjoches	18 mm
	Länge des vorderen Zahnabschnittes	11 mm
	Länge des rückwärtigen Zahnabschnittes	10 mm
	Höhe des vorderen Querjoches	11 mm
	Höhe des rückwärtigen Querjoches	11 mm
M^1	Länge	19 mm
	Länge des vorderen Querjoches	10,5 mm
	Länge des rückwärtigen Querjoches	8,5 mm
	Breite am vorderen Querjoch	21 mm
	Breite am rückwärtigen Querjoch	19 mm

Zu ihren Untersuchungen von *Halitherium Christoli* lagen L. FITZINGER, EHRLICH und O. ABEL eigentlich nur ein einziger brauchbarer dritter oberer Molar der linken Zahnreihe vor (Abb. 13). Dieser hat eine Länge von 26 *mm* und eine Breite von 21 *mm* am vorderen Querjoch und entspricht dem im Landesmuseum von Linz unter Sir. Nr. 3 katalogisierten Exemplar. Das Vorderjoch besteht aus drei Höckern, von welchen der Protocon der größte ist und fast die halbe Breite des Joches einnimmt, genauso wie dies die Zähne am Schädel aus der Jungbauer-Sandgrube zeigen. Paracon und Protoconulus sind fast gleich groß. Das innere Basalband ist verschwunden, und an dessen Stelle befindet sich ein schwacher Schmelzzipfel im Quertal. Metacon, Metaconulus und Hypocon liegen fast in einer Linie. Der Metaconulus ist also nicht aus der Reihe heraus verschoben, was nach O. ABEL einer der Beweise sein soll, daß diese Seekuh aus den Linzer Sanden sich bezüglich des Zahnbaues eng an *Halitherium Schinzi* anschließe. Die rückwärtige Höckerreihe neigt jedoch schon bei *H. Schinzi* dazu, sich an ihrer Mitte, nämlich am Metaconulus, nach vorne auszubiegen, ähnlich wie ich dies am dritten oberen Molar bei der Sirene aus der Jungbauer-Sandgrube beobachten konnte. Das Hypocon steht noch ziemlich weit vom Metaconulus ab, und im Bereiche des rückwärtigen Basalbandes sind überzählige Sekundärhöcker noch nicht zur Entwicklung gekommen, wodurch sich dieser Zahn als mehr primitiv erweist und dadurch dem entsprechenden Zahn von *H. Schinzi* nahezu vollständig gleicht. Diesbezüglich weicht nun die Form der Zähne von *H. Christoli* aus der Jungbauer-Sandgrube etwas ab, denn wie oben erwähnt, finden wir an der Leiste des rückwärtigen Basalbandes zwei Sekundärhöcker, zumindest angedeutet.

b) Der Unterkiefer

Material: **Sir. Nr. 1.** Unterkiefer, bestehend aus beiden Ästen, wovon der linke nur teilweise erhalten ist. Gefunden 1839 in der Sichenbauer-Sandgstätten bei Linz a. d. Donau. Original zu L. FITZINGER (1842) und O. ABEL (1904).
Sir. Nr. 2. Unterkieferfragment mit M_2 und M_3. Gefunden 1839 in der Sichenbauer-Sandgstätten bei Linz a. d. Donau. Original zu L. FITZINGER (1842) und O. ABEL (1904).
Sir. Nr. 11. Ein linkes und ein rechtes Unterkieferfragment, das zusammen mit dem Oberschädel im Jahre 1926 in der Jungbauer-Sandgrube gefunden wurde.

Der im April des Jahres 1839 in der Sichenbauer-Sandgstätten gefundene Unterkiefer (Sir. Nr. 1) diente L. FITZINGER (1842) zur Aufstellung der Sirenenart *Halitherium Christoli*. Eine genauere anatomische Beschreibung dieses wertvollen Fundes gibt aber weder FITZINGER, noch 62 Jahre später O. ABEL, da beide mehr Gewicht auf die Zahnmerkmale legten. Der rechten Unterkieferhälfte fehlt der dorsale Teil des aufsteigenden Astes, während die linke erst hinter dem zweiten Molar abgebrochen sein soll, wie dies die Abbildung FITZINGER's erkennen läßt. Das erst in späterer Zeit abgebrochene Unterkieferfragment, das im Landesmuseum von Linz unter einer eigenen Katalognummer (Sir. Nr. 2) geführt wird, gehört also einwandfrei zu diesem Unterkiefer.

Dieser wuchtige und sehr schwere Unterkiefer gehört sicherlich einem sehr alten Tier an und zeichnet sich durch eine verhältnismäßig glatte Oberfläche an seinem Mandibularkörper aus. Dieser ist einerseits durch den weit ventral reichenden Angulus mandibulae und anderseits durch die stark herabsinkende Pars incisiva an seinem unteren Rande tief bogenförmig ausgeschnitten. Die größte Länge des horizontalen Astes beträgt 286 *mm*. In der Höhe des vorletzten Prämolaren befindet sich das ausnehmend weite und hochovale Foramen mentale mit einem Durchmesser von 19 bzw. 22 *mm*, das gegen die Pars incisiva in vier tiefen und breiten Gefäßrinnen trichterförmig ausstrahlt. An der Grenze zwischen erstem und zweitem Molar hat der Unterkieferkörper seine geringste Höhe mit 75 *mm*. An der großen und in ventraler Richtung erweiterten Fossa masseterica ist der Unterkiefer relativ dünnknochig und etwas aufgewölbt. Er entbehrt an dieser Stelle größere Unebenheiten oder gar Muskelleisten für den Ansatz des Kaumuskels. An seiner Innenfläche, der

Fossa pterygoidea entsprechend, ist er schwach ausgehöhlt und erhält sowohl an dessen vorderem wie auch ventralem Rande eine bedeutende Verstärkung in Form einer breiten Muskelleiste, die bis zum großen Foramen mandibulare reicht und die zur Befestigung eines überaus kräftigen, vorderen Abschnittes des Pterygoidmuskels gedient haben mag. Das Foramen mandibulare mündet unterhalb des aboralen Endes des letzten Molaren, ungefähr in der Mitte des Corpus mandibulare, und geht deltaförmig auf das Planum der Fossa pterygoidea über.

Der aufsteigende Ast ist ebenfalls dünnknochig und erhält an seinem vorderen Rande, im Bereiche der Linea obliqua, eine ausnehmend kräftige Verstärkung, als Fortsetzung des sehr breiten Limbus alveolaris. Diese breite und flächenartig nach außen vorspringende Knochenleiste bildet mit der Pars molaris des Unterkiefers einen Winkel von 68° und ist an der Mitte ihrer Basis von einem Gefäßloch durchbohrt. Dieses führt mittels eines Kanals an die Innenfläche des Unterkieferastes, wo dieser mündet und in einer zweigeteilten offenen Gefäßrinne, die sich dann nach vorne umbiegt und schließlich am dorsalen Rande in das Foramen mandibulare eintritt, ihre Fortsetzung findet.

Besonders kräftig werden die Unterkiefer gegen ihr vorderes Ende zu, wo sie in einer sehr langen und hohen Symphyse zusammenstoßen. Weiters ist die Pars incisiva auch seitlich stark aufgetrieben, wodurch die für die Sirenen so charakteristische Incisivplatte, die in einem Winkel von etwa 60° nach vorne abfällt, gebildet wird (Abb. 15). Der jeweilige Abknickungswinkel dieser dürfte annähernd dem der Intermaxillaren entsprechen, da sich hier an Stelle der Schneide- und Eckzähne eine wulstige Hornplatte ausgebildet hat, die zu der des Oberschädels parallel gelegen sein müßte, sollte ihr funktioneller Zweck erreicht werden.

Abb. 15: Der Unterkiefer von *Halitherium Christoli* FITZ. (aus L. FITZINGER, 1842) ($^1/_3$ nat. Gr.).

Die Zahnleiste ist am letzten Molar noch sehr breit und überragt wulstförmig die Innenfläche des Unterkieferkörpers, wird dann nach vorne rasch schmäler, um am ersten Molar die normale Breite dieses zu erreichen. An der Pars praemolaris wird der Unterkiefer gegen seinen oberen Rand zu sehr schmal und beginnt in der Höhe der Alveole des nicht mehr zur Ausbildung gelangenden Eckzahnes in die breite und abfallende Symphysenplatte überzugehen. An dieser Stelle beginnt auch die Abknickung der Pars incisiva. Auf dem abgeplatteten Teil der Unterkiefersymphyse befinden sich jederseits vier grubenförmige Vertiefungen, die gegen das vordere Ende hin immer breiter werden, wodurch natürlich auch die Incisivplatte selbst gegen ihr unteres und vorderes Ende an Breite ganz bedeutend zunimmt. Die zahnlosen Alveolargruben der Symphysenplatte haben nun folgende Maße:

Maße	Länge	Breite
Die erste Alveolargrube	21 mm	18 mm
Die zweite Alveolargrube	17 mm	16 mm
Die dritte Alveolargrube	14 mm	12 mm
Die Alveole des Eckzahnes	11 mm	10,5 mm

Die ersten drei Prämolaren, die einwurzelig waren, sind an unserem Fossil ausgefallen, und nach den Alveolen zu schließen, dürften sie sehr klein und hinfällig gewesen sein, speziell was den ersten Prämolaren betrifft. Es folgt nun der zweiwurzelige, vierte Prämolar, der sich bezüglich seiner Größe sehr dem ersten Molar nähert, von dem aber bloß die abgebrochenen Wurzelreste erhalten geblieben sind. Nun folgen die drei Molaren, von denen der erste und zweite stark abgekaut sind, und nur am letzten Zahn lassen sich noch die einzelnen Zahnelemente genauer unterscheiden.

Außer diesem Unterkiefer aus der Sichenbauer-Sandstätten liegen mir die Reste beider Unterkieferhälften vor, die zusammen mit dem Schädel, der vorhin beschrieben wurde, aus der Jungbauer-Sandgrube stammen. Besonders das linksseitige Unterkieferfragment erlaubt einige Vergleiche mit dem vorhin beschriebenen anzustellen. Abgesehen von seinem etwas schlechteren Erhaltungszustand, stimmen alle anatomischen Merkmale sehr stark überein. Ihm ist leider der symphysiale Teil verlorengegangen, und ebenso fehlt der dorsale Abschnitt des aufsteigenden Astes. Wichtig ist der ihm erhalten gebliebene letzte, zweiwurzelige Prämolar, der, wenn auch sehr stark abgekaut, doch seine ursprüngliche Form erkennen läßt. Weiters besitzt dieses Unterkieferfragment alle drei Molaren, die wohl eine etwas stärkere Abkauung zeigen als die des anderen Exemplars. Das Unterkieferfragment der rechten Seite ist sehr beschädigt und hat nur mehr die zwei letzten Molaren erhalten, von denen aber der zweite weitgehend beschädigt ist.

Vergleichende Maße an den Unterkiefern von *Halitherium Christoli*	Sir. Nr. 1 (1839)		Sir. Nr. 11 (1926)	
	links	rechts	links	rechts
Länge des horizontalen Unterkieferastes	—	286 mm	—	—
Höhe des Kieferastes am M$_2$	—	75 mm	73 mm	—
Höhe des Kieferastes am letzten Prämolar	—	80 mm	79 mm	—
Länge der Molarenreihe	—	68 mm	67,5 mm	—
Höhe der Symphysis mandibulae	98 mm		—	
Länge der Symphysis mandibulae	88 mm		—	
Breite der Symphysialplatte am I$_1$	51 mm		—	
Breite der Symphysialplatte am I$_2$	60 mm		—	
Breite der Symphysialplatte am I$_3$	47 mm		—	
Breite des inneren Symphysenausschnittes in der Höhe der Eckzahnalveole	13 mm		—	
Innerer Abstand der Unterkieferäste am zweiten Prämolar	16 mm		—	
Stärke der Unterkieferäste unter dem vorletzten Molar	25 mm		26 mm	

1. Die Unterkiefermolaren von *Halitherium Christoli* FITZ.

Die Unterkiefermolaren bestehen aus zwei Querjochen, die ihrerseits aus je zwei Höckern zusammengesetzt sind, an welche sich rückwärts ein mehrzapfiges Talonid anschließt. Außerdem sind die unteren Molaren mehr langgestreckt und zeichnen sich durch das sehr kräftige hintere Talonid aus.

Zwischen dem Protoconid und Hypoconid erhebt sich im Quertal aller Unterkiefermolaren bei *Eotheroides* ein sekundärer Höcker, der bei *Halitherium Christoli* noch einwandfrei zumindest am letzten Zahn zu erkennen ist. Nach vorne zu nimmt die Größe des Talonids bei den Molaren stark ab. Die Innenhöcker sind niedriger als die Außenhöcker und selbst an den stark abgekauten Zähnen noch wenig verbraucht. Die Joche verlaufen etwas schräg zur Achse der Zahnreihe, u. zw. von vorne-innen nach außen-rückwärts. Ein vorderes Basalband ist nur am M_1 angedeutet, bei den übrigen Molaren jedoch ganz verschwunden.

Abb. 16: Letzter unterer Molar der linken Zahnreihe von *Halitherium Christoli* FITZ. aus den Sandlagern von Linz an der Donau (nach O. ABEL, 1904) (nat. Gr.).

Abb. 17: Die linke untere Molarenreihe von *Halitherium Christoli* FITZ. aus der Jungbauer-Sandgrube bei Linz an der Donau (nat. Gr.).

Das rückwärtige Talonid aller Unterkiefermolaren an dem mir vorliegenden Material von *Halitherium Christoli* zeichnet sich durch den Besitz von zwei Höckern aus, von denen der äußere stets der größere ist. Außerdem finden wir bei dem Exemplar aus der Jungbauer-Sandgrube, daß der innere Höcker des rückwärtigen Talonids um vieles kräftiger ist als bei dem von FITZINGER beschriebenen Unterkiefer, trotzdem es auch hier nie die Größe des Außenhöckers erreicht. Weiters wäre zu bemerken, daß auch das trennende Quertal zwischen dem inneren Talonidhöcker und dem Hypoconid bei dem Fund aus der Jungbauer-Sandgrube viel tiefer eingeschnitten ist als dies am Originalmaterial FITZINGER's zu beobachten ist. Am dritten linken Molar des neuen Fundes finden wir ferner, daß eine Zweiteilung des inneren Talonidhöckers angedeutet ist, eine Eigenart, die am entsprechenden Zahn der anderen Kieferhälfte desselben Tieres nicht festgestellt werden kann. Sehr ähnlich liegen die Verhältnisse auch beim vorletzten Molar, nur mit dem Unterschied, daß das Talonid im allgemeinen etwas kleiner ist.

Die Zähne zeigen durchwegs einen noch recht einfachen Bau. Das vordere Joch besteht aus dem Metaconid und Protoconid, zwischen denen sich eine ovale Grube befindet. Das Protoconid ist stärker abgekaut und zeigt eine unbedeutende Abschrägung nach rückwärts. Das hintere Joch besteht aus Hypoconid und Entoconid. An das Hypoconid lehnt sich vorne ein aus dem Quertal aufsteigender Sekundärhöcker an. Der die beiden Höcker verbindende Kamm ist longitudinal gefältelt, ohne daß es jedoch zur Ausbildung eingeschobener Sekundärhöcker kommt, wie etwa bei *Halitherium Schinzi* oder selbst bei *Metaxytherium* (O. ABEL). Das Entoconid ist höher als das Hypoconid.

An das hintere Joch schließt sich das rückwärtige Talonid an, das bis zu fünf Sekundärhöcker aufweisen kann. Zwischen dem zweiten und dritten dieser Höcker verläuft eine tiefe

Spalte, sodaß das Talonid im wesentlichen eine bifide Anlage der Sekundärhöcker darstellt. Solche Abweichungen dürfen aber, wie dies schon ABEL beobachtet hatte, **nicht als tiefgreifende morphologische Unterschiede bewertet werden**, die zu einer Trennung der Sirenen in verschiedene Arten berechtigen würden. ABEL erwähnt ferner, daß an der Vorderwand des Protoconides ein Rest des bei *Eotheroides aegyptiacum* noch vorhandenen Basalbandes zu sehen ist, welches bei dieser Sirenengattung von der Spitze des Metaconids an die Vorderwand des Zahnes schräge gegen unten und außen herabläuft und an der Vorder- und Außenecke des Protoconids einen Vorsprung bildet. Bei *Halitherium Christoli* erscheint dieses vordere Basalband nur noch als eine schwache, schräg an der Vorderwand des Protoconids, mit ähnlichem Verlauf wie bei *Eotheroides*, herabziehende Schmelzfalte (Abb. 16 und 17).

Vergleichende Maße an den Unterkiefermolaren von *Halitherium Christoli* FITZ.	Sir. Nr. 1 (1839)	Sir. Nr. 11 (1926)
Länge der Molarenreihe	68 mm	67,5 mm
Länge der Prämolarenreihe (rekonst.)	58 mm	—
Länge des ersten Molars	21 mm	20,5 mm
Breite des ersten Molars	17 mm	17 mm
Länge des zweiten Molars	24 mm	21 mm
Breite des zweiten Molars	19 mm	19 mm
Länge des dritten Molars	24 mm	25,5 mm
Breite des dritten Molars am Vorderjoch	19 mm	19 mm
Breite des dritten Molars am Hinterjoch	16 mm	17 mm
Länge des letzten Prämolaren	—	17 mm
Breite des letzten Prämolaren	—	13 mm

Soweit man nun aus den Alveolarresten der Prämolarenreihe schließen kann, ist diese zumindest an ihrem vorderen Teil hinfällig geworden. Mit Ausnahme des letzten Prämolaren sind alle übrigen einwurzelig und nehmen nach vorne an Größe ab. Der letzte Prämolar, der leider sehr stark abgekaut und auch verletzt ist, läßt deutlich erkennen, daß sein rückwärtiges Talonid sowohl in bezug auf Länge und Breite einem dritten Querjoch gleichkommt, wodurch der Zahn eine ausgesprochen rechteckige Form bekommt. Formeinzelheiten sind jedoch nicht zu erkennen.

c) Knochen der Vorderextremität

Die von C. EHRLICH (1855) und von O. ABEL (1904) beschriebene linke Scapula aus der Prixenhäusl-Sandgrube (Sir. Nr. 7) und ein Sternum mit derselben Fundortsbezeichnung (Sir. Nr. 5), die entschieden der Art *Halitherium Christoli* angehören, will ich mit den entsprechenden Resten der dritten Seekuhart aus den Linzer Sanden vergleichend beschreiben, um dadurch ihre markanten anatomischen Eigenheiten besser hervorheben zu können (S. 47 u. 51).

1. Der Humerus (Sir. Nr. 4)

Eine ausgezeichnete Beschreibung des einzigen Humerusfragmentes (Hum. prox. sin.) von *Halitherium Christoli* hat bereits O. ABEL (1904) gegeben. Obwohl das Fragment einem ausgewachsenen Individuum angehört, zeichnet es sich durch seine Kleinheit und die ganz abweichende Form von anderen Sirenen, bes. *Metaxytherium* aus (Abb. 18). Das 115 mm lange Bruchstück wird durch eine außerordentlich schlanke Diaphyse von fast dreieckigem Querschnitt dadurch charakterisiert, daß nicht allein die wohl zum Teil abgebrochene und hohe Crista humeri, sondern auch die Crista epicondyli lateralis sehr stark entwickelt sind. Das Caput humeri ist besonders kräftig und durch eine rauhe Grube vom Tuberculum minus, das auch teilweise abgebrochen ist, getrennt. Das Caput humeri ist durch ein sehr kurzes Collum vom Oberarmkörper abgesetzt und zeichnet sich durch eine hochovale und schmale Artikulationsfläche für das Schulterblatt aus. Zwischen Tuberculum majus und minus finden wir einen tiefen und weiten Sulcus intertubercularis, der sich in Richtung zum Caput in eine weite und flache Grube fortsetzt. Von dieser Bicepsgrube, die für den Durchgang einer anscheinend sehr kräftigen Sehne des Musculus biceps brachii diente, zieht eine tiefe und schmale Einsenkung nach außen, die die Epiphysenfuge zwischen Caput und Tuberculum majus andeutet.

Eigenartig ist die Form der Artikulationsfläche am Oberarmkopf. Sie besitzt eine schmale und hochovale, nach rückwärts aufgewölbte Artikulationsfläche, die förmlich dem Caput humeri aufgesetzt erscheint und deren Längsachse gegen den oberen Rand des Tuberculum majus zieht. Ihre Länge beträgt 77 mm und ihre Breite etwa 21 mm. Nach ihrer Form und Lage zu schließen, ist eine viel geringere Bewegungsfreiheit des Oberarmes bei *Halitherium Christoli* gegenüber den jüngeren Sirenenarten anzunehmen.

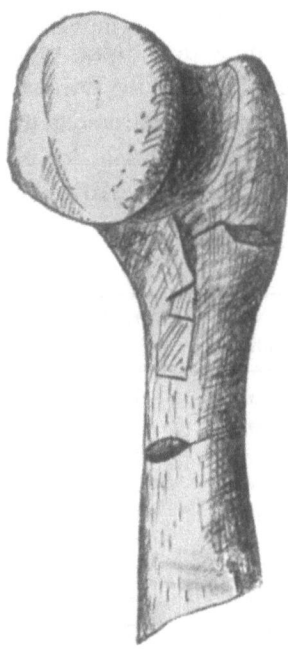

Abb. 18: Das proximale Ende des Humerus von *Halitherium Christoli* FITZ. (Sir. Nr. 4) (²/₃ nat. Gr.).

Die vielen Wirbelreste und Rippenfragmente aus den Sandlagern der zweiten Meeresterrasse von Linz sollen gleichfalls gemeinsam mit denen eines relativ gut erhaltenen Rumpfskelettes einer Sirene aus den oberoligozänen Sanden von St. Georgen an der Gusen im nächsten Kapitel beschrieben werden. Daß sowohl diese Wirbel und Rippen, die, abgesehen von gewissen Größenunterschieden, wie dies schon O. ABEL nachgewiesen hat, mit denen von *Halitherium Schinzi* aus dem Mainzer Becken fast übereinstimmen, kann ich insoweit bejahen, soweit sich dies auf ihre Morphologie bezieht, doch lassen sich entschieden feinere Unterschiede in bezug auf ihren histologischen Aufbau feststellen (S. 58).

E. *Halitherium Abeli* spec. nov.

Material: Ein fast kompletter Unterkiefer (Sir. Nr. 59; Mus. Nr. 257/1939) aus dem Sandbruch des Lemonikellers in der Sandgasse von Linz a. d. Donau. Gefunden 1938.

Teile der Schädelbasis (Basioccipitale, Temporale, ein Oberkieferfragment und Teile der Halswirbelsäule) (Sir. Nr. 59; Mus. Nr. 257/1939) aus dem Sandbruch des Lemonikellers in der Sandgasse von Linz a. d. Donau. Gefunden 1938.

Ein Rumpfskelett (Sir. Nr. 60) aus dem Sandkeller des Mayr im Grubhof bei St. Georgen a. d. Gusen. Gefunden 1944.

25 Wirbel und Wirbelfragmente (Sir. Nr. 19 und 29) aus dem Sandkeller des Mayr im Grubhof bei St. Georgen a. d. Gusen. Gefunden 1918.

25 Rippen und Rippenfragmente (Sir. Nr. 20 und 30) aus dem Sandkeller des Mayr im Grubhof bei St. Georgen a. d. Gusen. Gefunden 1918.

Holotypus: Unterkiefer; O. Ö. Mus. Nr. 257/1939.
Locus typicus: Lemonikeller, Linz a. d. Donau.
Stratum typicum: Linzer Sande; Chatt.
Derivatio nominis: Nach Prof. Dr. O. ABEL.

I. Allgemeines

Die geologischen Verhältnisse der Fundstellen dieser neuen Sirenenart habe ich schon auf S. 9 beschrieben. Es handelt sich bei diesen Funden um Seekuhreste aus der jüngsten

Strandterrasse des oberoligozänen Meeres, die auf einer absoluten Höhe von 270 bis 275 m ü. d. M. anzutreffen ist. Der Erhaltungszustand der Sirenenreste ist entschieden ein viel besserer als der der Funde aus den älteren Strandterrassen, wodurch auch ihre Konservierung einfacher war. Diese wertvollen Funde, die erst in den letzten Jahren zustande kamen, sind noch nie bearbeitet oder beschrieben worden. Sie lagen unmittelbar oder wenig entfernt über dem Strandgerölle in den sogenannten weißen Linzer Sanden, sowohl im Lemoni-Sandbruch als auch im Sandkeller des Mayr im Grubhof bei St. Georgen an der Gusen, welch letzteren Fund ich persönlich heben konnte. An dieser Fundstelle war die von Nordwest nach Südost verlaufende Strandlinie tief angefahren und zeigte ein mächtiges Blockwerk von stark verwittertem Gneisgeschiebe mit Durchmesser von fast 2 m, die der unmittelbaren Brandungsregion entsprechen. Das Skelett, dem der Schädel fehlte, lag achsenparallel zur Strandlinie auf seiner rechten Seite in situ, mit ganz geringen Dislokationen, etwa 1 m über dem Strandgeröll an der Basis der weißen Sande (Abb. 5).

Die markanten morphologischen Unterschiede dieser Sirenenart und auch zum Teil die geologischen Verhältnisse der Fundstelle sprechen dafür, daß es sich um eine im phylogenetischen Sinne jüngere Form handeln dürfte, die etwa die Übergangsform zu den miozänen Metaxytherien vertritt und im jüngeren Oligozän das Meer bevölkerte.

II. Die Sirenenreste aus den jüngeren Linzer Sanden

a) Die Schädelfragmente (Sir. Nr. 59)

Diese von dem Schüler Paulat, Sohn eines Tischlermeisters, am 16. Dezember 1937 im Sandbruch des Lemonikellers gefundenen Reste bestehen aus einem Basioccipitale mit Teilen der Exoccipitalia, einer rechtsseitigen Squama temporalis, einem kleinen Fragment des rechten Oberkiefers und einem fast kompletten Unterkiefer.

1. Das Basioccipitale

Dieser Knochen ist mit den Exoccipitalia fest verbunden, vom Basisphenoid jedoch durch eine offene Synchondrosis sphenooccipitalis vollkommen getrennt. Der dorsale Teil der Exoccipitalia ist abgebrochen und in Verlust geraten.

Das Basioccipitale ist relativ kurz und von gedrungener Gestalt und besitzt eine totale Länge von 56 mm. Es ist an der dorsalen Fläche etwas konkav, an der ventralen Seite jedoch hoch aufgewölbt und zeigt an der Synchondrosis sphenooccipitalis einen fast halbkreisförmigen Querschnitt[1]), bei einer Breite von 41 mm[2]) und Höhe von 25 mm[3]). Im rückwärtigen Drittel findet sich eine starke Einschnürung des Körpers, wo er nur eine Breite von 31 mm hat, und außerdem wird er gegen sein aborales Ende immer flacher. Die gut entwickelten und breiten Tuberculi musculares gehen in caudaler Richtung in eine kräftige und hohe Muskelleiste über[4]), die beiderseits von grubenförmigen Vertiefungen, die etwa 12 mm breit sind und für die Anheftung des M. rectus capitis anticus minor dienten, begleitet wird.

Die Proc. jugulares (Proc. paroccipitalis) sind an unserem Fossil viel kräftiger als bei *Metaxytherium* und reichen entschieden weiter ventral an jene Ebene herab, die durch die Basis der Condylen gebildet würde (vgl. die Abbildungen von *Metaxytherium Krahuletzi* DEPERET in O. ABEL, 1904).

Die Condyli occipitales sind sehr kräftig entwickelt und besitzen eine fast zylindrische Gestalt. Sie sind durch eine tiefe und breite Fossa condylica, in der sich ein kleines Foramen

---

[1]) Bei *Metaxytherium* soll dieser Querschnitt rechteckig sein.
[2]) Bei *Metaxytherium* nur 30 mm.
[3]) Bei *Metaxytherium* nur 17 mm.
[4]) Die von LEPSIUS als Tuberculum pharyngeum bezeichnet wird.

(N. hypoglossi) vorfindet, vom ausnehmend kräftigen und langen Proc. jugularis getrennt. Sie haben bei einer Breite von 29 *mm* eine Länge von 39,5 *mm* und sind beiderseits gleich groß. Die Condyli occipitales sind sehr schräg nach außen gerichtet, sodaß ihre Längsachsen einen Winkel von fast nur 90° einschließen. Ihr innerer Abstand beträgt am aboralen Rande 55 *mm* und im Ausschnitt des Foramen magnum 33 *mm*.

Der Proc. jugularis ist an seiner oralen Fläche breit und löffelförmig ausgehöhlt, welche Vertiefung zur Aufnahme des Proc. nuchalis der Pars mastoidea des Os temporale dient. Der gegenseitige Abstand dieser Fortsätze beträgt an ihren ventralen Teilen 120 *mm*. Diese Maße zeigen, daß die Sirene aus dem Lemonikeller viel kräftiger gewesen sein muß als selbst *Metaxytherium Krahuletzi* DEPERET (Abb. 19).

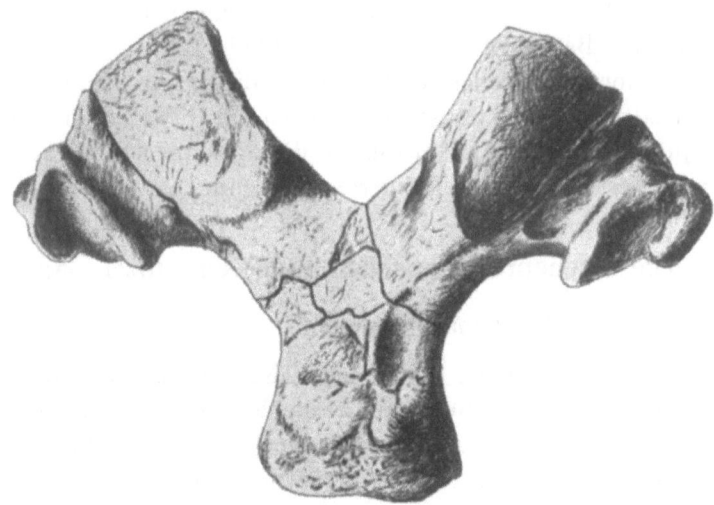

Abb. 19: Das Basioccipitale von *Halitherium Abeli* spec. nov. aus dem Lemonikeller in Linz an der Donau ($^2/_3$ nat. Gr.).

Abb. 20: Das rechte Oberkieferfragment von *Halitherium Abeli* sp. n. aus dem Lemonikeller in Linz an der Donau ($^2/_3$ nat. Gr.).

2. Das Schläfenbein

Das Schläfenbein der Sirene aus dem Lemonikeller, von dem wir ein gut erhaltenes Exemplar der rechten Schädelhälfte besitzen, zeigt fernerhin weitgehende Unterschiede morphologischer Natur im Vergleiche zu dem von *Halitherium Christoli*, von dem wir nun durch den Fund in der Jungbauer-Sandgrube auch jenen Schädelknochen kennengelernt haben (Abb. 21 und 22). Wenn wir nun die Schläfenbeine beider Funde vergleichen, so können wir schon bei einer oberflächlichen Betrachtung erkennen, daß es sich hier um Unterschiede so weitgehender und allgemeiner Formgestaltung handelt, die man unmöglich mehr unter dem Begriff „Variationsbreite" verantworten könnte.

Vergleicht man beide Formen, so findet man zunächst, daß der Proc. aboralis der Squama temporalis bei dieser neuen Art relativ breiter und kräftiger ist als bei *H. Christoli* und in viel breiterer Front sowohl an die Linea temporalis der Parietalia als auch an die Linea nuchalis superior heranreicht. Die viel schwächere Pars mastoidea ist mit der Squama temporalis vollkommen verwachsen, dafür findet man, daß das Petrosum und Tympanicum, die bei *H. Christoli* mit dem Mastoideum wenigstens teilweise verbunden sind, bei dieser Sirene nur lose der Schuppe des Schläfenbeines und dem Warzenbein angelagert waren,

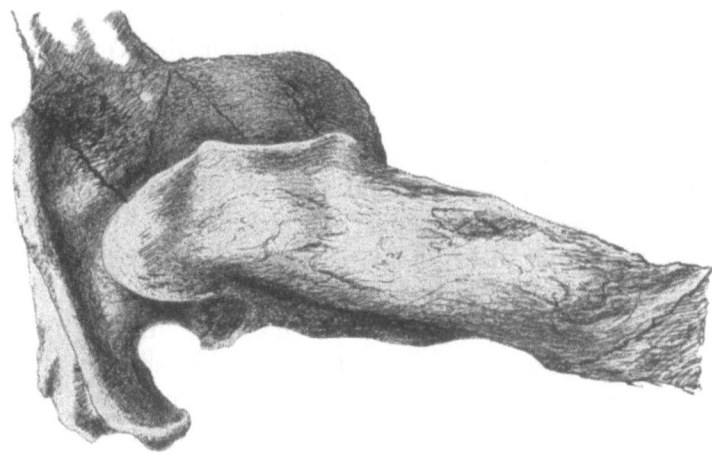

Abb. 21: Die Temporalregion der rechten Schädelhälfte von *Halitherium Christoli* FITZ. Seitenansicht ($^2/_3$ nat. Gr.).

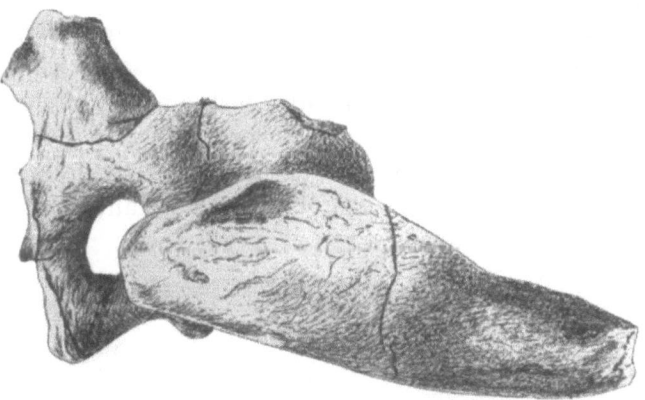

Abb. 22: Die Temporalregion der rechten Schädelhälfte von *Halitherium Abeli* nov. spec. Seitenansicht ($^2/_3$ nat. Gr.).

wie dies an dessen Innenfläche eine deutlich sichtbare und große, halbkugelförmige Ausbuchtung erkennen läßt. Die einer verstärkten Knochenlamelle ähnliche Pars mastoidea, die bei weitem nicht so mächtig und dickknochig ist wie bei der Vergleichsform, bildet mit dem Exoccipitale eine offene Naht, und ihr ventraler und aboraler Rand legt sich in die löffelförmige Aushöhlung des Proc. jugularis des Hinterhauptes, ohne einen derart kräftigen Proc. nuchalis auszubilden, wie er *H. Christoli* charakteristisch ist. Was aber den ventralen Teil der Pars mastoidea noch ganz besonders unterschiedlich gestaltet, ist die Form und Lage des Meatus acusticus. Nämlich während bei *H. Christoli* der weit ventral reichende

Proc. nuchalis der Pars mastoidea die Incisura otica noch von unten umfaßt, wodurch sie nur mehr nach vorne offensteht, wird sie bei *H. Abeli* n. sp. durch eine 12 *mm* hohe und schmale Knochenbrücke vollkommen eingeschlossen und bildet ein großes querovales Fenster, das eine Länge von 17 *mm* und eine Höhe von 14 *mm* hat. Auch die Lage des Meatus acusticus ist grundlegend verschieden. So finden wir bei *H. Christoli* diesen etwa 10 *mm* unterhalb der Mitte des rückwärtigen Jochbogenfortsatzes, während bei der neuen Art am caudalen und ventralen Rande desselben, also ganz bedeutend höher, gelagert.

An der Außenseite der Schläfenbeinschuppe befindet sich ein sehr kräftiger Jochbogenfortsatz von annähernd dreieckigem Querschnitt, der mit dem seitlich stark komprimierten und hohen Jochbogen die rückwärtige Fortsetzung der Fossa temporalis einschließt. Dieser aborale Teil der Schläfengrube über dem Proc. zygomaticus des Temporale ist bei *H. Abeli* n. sp. 45 *mm* lang, nimmt nach oben hin ständig an Breite zu, bis sie am dorsalen Rande des Jochbogens 38 *mm* Breite erreicht. Ganz anders verhält sich die Form dieser rückwärtigen Partie der Fossa temporalis bei der Vergleichsform, denn hier ist sie wohl etwas länger (50 *mm*), jedoch etwas schmäler und hat an ihrer Basis eine Breite von 32 *mm*, wird aber gegen ihren dorsalen Rand sichtbar enger, da sich der Jochbogen etwas schräg über sie legt, sodaß hier die Breite nur mehr 26 *mm* beträgt. Der riesige Schläfenmuskel war bei diesen Tieren dementsprechend in zwei Portionen verschiedener Funktionswirkung geteilt, nämlich in eine sehr große, vollkommen vertikal gestellte, die an der weit ausholenden Crista frontalis und der Linea temporalis der Scheitelbeine entsprang, um als Schließmuskel für den Unterkiefer die Funktion des M. masseter zu unterstützen. Die zweite und viel kleinere Portion des M. temporalis zieht jedoch von der Linea nuchalis superior schräg durch die große und rinnenförmige Temporalgrube über den Proc. zygomaticus zum Proc. coronoideus der Unterkiefer (Abb. 21 und 22).

Verschieden ist auch die Form und Lage des rückwärtigen, über die Fossa temporalis hinwegreichenden Fortsatzes des Jochbogens, denn er ist einerseits bei *H. Christoli* viel kräftiger und annähernd 18 *mm* von der Schläfenbeinschuppe entfernt und begrenzt mit seinem caudoventralen und schmalen Ende eine kurze und breite Grube über der Incisura otica. Bei *H. Abeli* n. sp. ist der ventrale Rand dieses Fortsatzes ganz bedeutend verdickt und liegt nur 8 *mm* von der Squama temporalis entfernt. An Stelle einer breiten Grube findet sich hier nur eine langgestreckte Rinne, die bis zur Höhe der Fossa mandibularis reicht.

An der ventralen Fläche des Proc. zygomaticus des Temporale finden wir schließlich die Facies articularis des Kiefergelenkes, die ebenfalls markante Unterschiede, die typisch

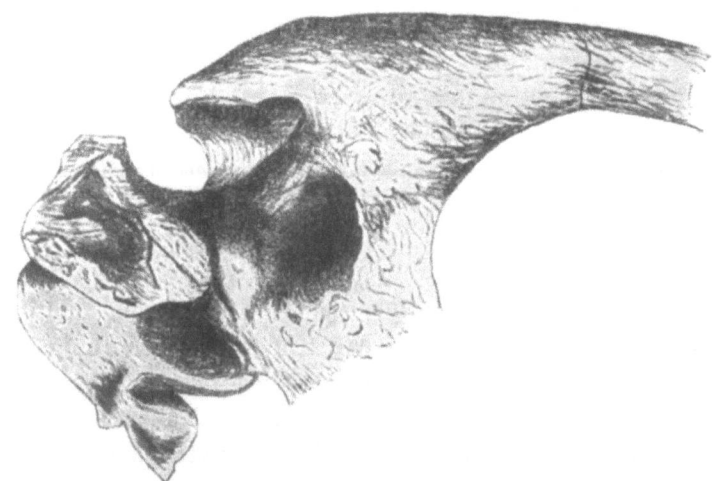

Abb. 23: Die Temporalregion der rechten Schädelhälfte von *Halitherium Christoli* FITZ. Von der Unterseite (²/₃ nat. Gr.).

für jede Art sind, aufzuweisen hat. Diese Fossa articularis ist bei *H. Abeli* n. sp. etwas mehr schräg gestellt und schließt mit der Schädelachse einen Winkel von etwa 60° ein. Sie ist im allgemeinen mehr rillenförmig, von fast V-förmigem Querschnitt und wird an ihrem aboralen Rande von einem etwas höheren und kräftigeren Proc. retroglenoideus abgeschlossen. Bei *H. Christoli* ist dagegen die Fossa mandibularis von querovaler Form, deren großer Durchmesser mit der Schädelachse einen Winkel von 72° bildet. Sie stellt eine relativ starke muldenförmige Vertiefung dar, die im Querschnitt U-förmig erscheint, und wird an ihrem rückwärtigen Rande von einem niedrigen Proc. retroglenoideus des Mastoideum abgeschlossen (Abb. 23 und 24).

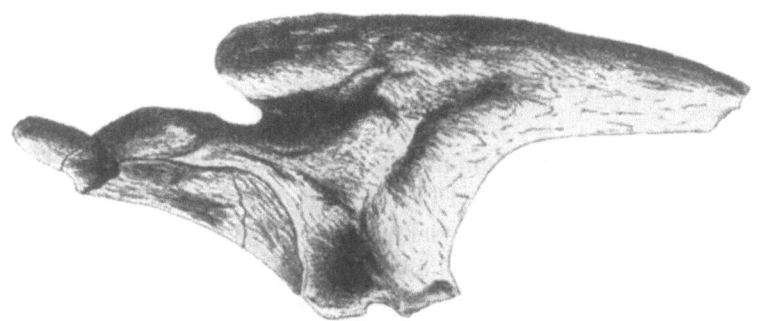

Abb. 24: Die Temporalregion der rechten Schädelhälfte von *Halitherium Abeli* spec. nov. Von der Unterseite ($^2/_3$ nat. Gr.).

3. Das Oberkieferfragment

Aus der Fundstelle des Lemoni-Sandbruches liegt uns auch ein rechtes Oberkieferfragment vor, u. zw. der aborale Teil der Zahnleiste mit Resten der drei Molaren. Am letzten und vorletzten Molar ist die Zahnkrone abgebrochen, so zwar, daß bei diesen nur mehr der Zahnhals erhalten blieb, während vom ersten Molar bloß die Wurzeln zu finden sind. M_2 und M_3 sind dreiwurzelig, M_1 dagegen zweiwurzelig. Ich habe es nun versucht, mit Hilfe der erhaltenen Zahnfragmente deren Form zu rekonstruieren und auch den Oberkieferrest mit *Halitherium Christoli* zu vergleichen, und komme zu folgenden Ergebnissen:

Die Zahnleiste hat in der Höhe des dritten Molars bei beiden Arten dieselbe Breite von 24 *mm*; sie wird aber bei *H. Abeli* n. sp. am zweiten Molar bedeutend kräftiger und breiter, sodaß sie 34 *mm* bei dieser gegenüber 28 *mm* bei der Vergleichsform mißt. Dieses Breiterwerden der Pars alveolaris der Maxilla bei *H. Abeli* n. sp. hängt aber entschieden mit der eigenartig breiten Form des zweiten Backenzahnes zusammen.

Beim letzten oberen Molar fällt uns besonders seine geringe Größe auf und außerdem, daß sowohl Paracon und wahrscheinlich auch Protoconulus besonders kräftig entwickelt waren, wie dies die weite Vorwölbung des Zahnes an seiner vorderen und äußeren Seite erkennen läßt. Dieser stärkeren Ausbildung des Paracon entspricht wahrscheinlich eine Rückbildung des Protocon, wodurch eine merkbare Querstellung des Zahnes angedeutet wird (Abb. 20).

Eine noch mehr ausgeprägte Neigung zur Querstellung zeigt aber der zweite obere Molar. Auffallend ist entschieden seine verminderte Längenentwicklung bei einer zunehmenden Breite. Meta- und Hypocon sind besonders gut ausgebildet, dagegen ist scheinbar der Protocon sehr klein gewesen, und außerdem finden wir an der Außenseite des Zahnes zwischen vorderem und rückwärtigem Querjoch eine tiefe Bucht. Der Zahn selbst ist kürzer als breit.

Vergleichende Maße	H. Christoli	H. Abeli n. sp.
Dritter oberer Molar (rechts)		
Länge des Zahnes an der Basis	24 mm	23 mm
Breite der Zahnbasis		
a) am rückwärtigen Joch	17 mm	15 mm
b) am Vorderjoch	21 mm	19 mm
Zweiter oberer Molar (rechts)		
Länge des Zahnes an der Basis	21,5 mm	18 mm
Breite der Zahnbasis		
a) am rückwärtigen Joch	18 mm	22 mm
b) am Vorderjoch	21 mm	13 mm

4. Der Unterkiefer

Zum selben Fund aus dem Lemoni-Sandbruch gehört auch ein fast vollständiger Unterkiefer. Verglichen mit dem von FITZINGER beschriebenen Unterkiefer von *Halitherium Christoli*, fällt in erster Linie die viel wuchtigere Pars incisiva, die stark abweichende Form der Incisivplatte und der Symphyse auf. Nach der starken Abkauung, die sich bereits auf den letzten Molar erstreckt, handelt es sich um ein ganz altes Tier. Die Prämolarenreihe zeigt in bezug auf ihre Länge eine geringe Abnahme, während die Molarenreihe relativ änger und breiter ist, und außerdem sind typische Zahnmerkmale zu beobachten.

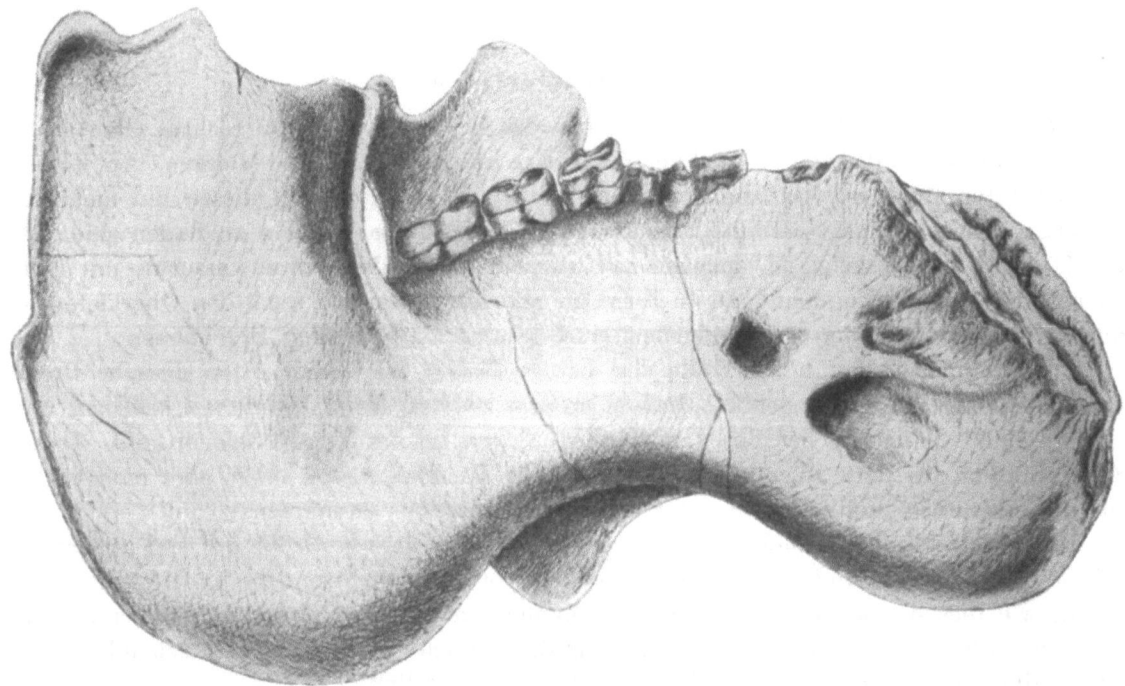

Abb. 25: Der Unterkiefer von *Halitherium Abeli* spec. nov., von der rechten Seite gesehen. Gefunden 1937 im Sandbruch des Lemonikellers in Linz an der Donau (½ nat. Gr.).

An der Außenseite des 303 mm langen Unterkieferkörpers fallen eigentlich nur die etwas stärker ausgebildeten Unebenheiten an der schwach ausgehöhlten Fossa masseterica auf, denn sowohl seine Höhe am zweiten Molar als auch die Länge des aufsteigenden Astes in der Verlängerung der Molarenreihe beträgt bei beiden Formen 99 mm.

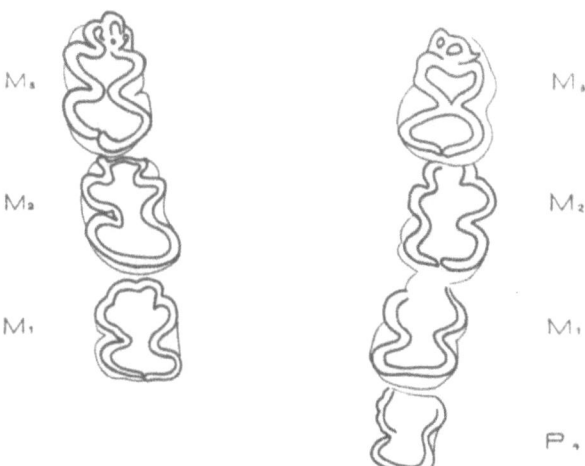

Abb. 26: Die Zahnreihen im Unterkiefer von *Halitherium Abeli* spec. nov., in ihrer natürlichen Lage ($^2/_3$ nat. Gr.).

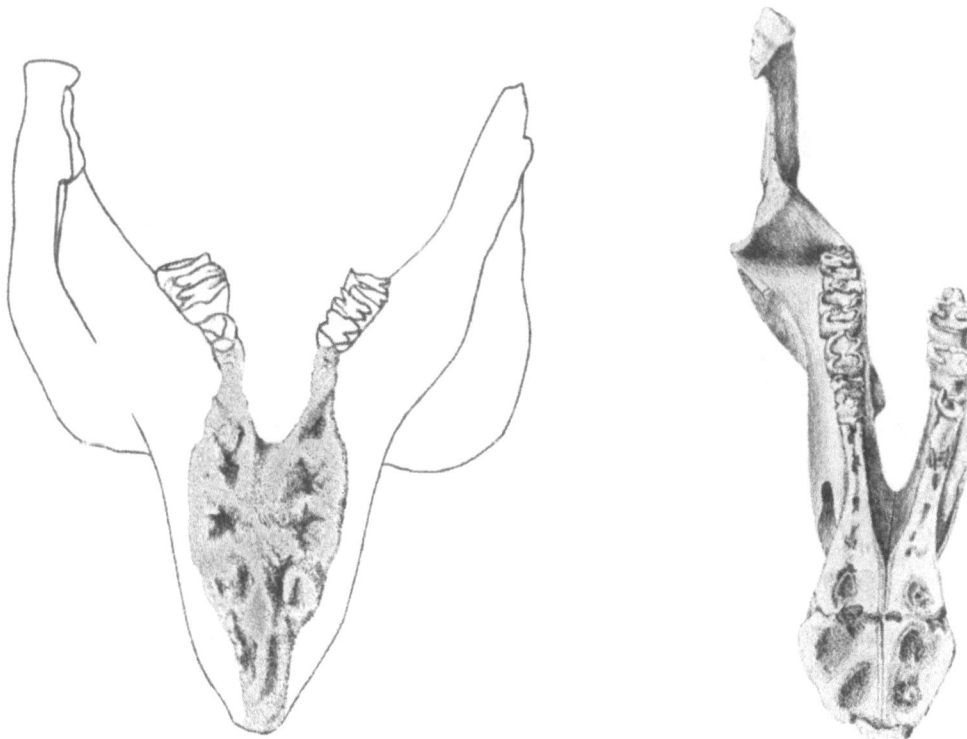

Abb. 27: Der Unterkiefer mit Symphysialplatte von *Halitherium Abeli* spec. nov. ($^1/_3$ nat. Gr.).

Abb. 28: Der Unterkiefer mit Symphysialplatte von *Halitherium Christoli* FITZ. (nach FITZINGER).

Auch an der medianen Fläche finden wir in der Fossa pterygoidea kräftigere Muskelleisten für den inneren Kaumuskel. Ganz eigenartig, wenn auch nicht von systematischem Wert, ist die Form der Mündung des sehr weiten Can. mandibuloincisivus mit einem dreigeteilten For. mentale, während er bei *H. Christoli* in eine einheitliche trichterförmige Öffnung ausläuft. Wir finden hier zuerst ein Foramen, das in der Höhe des vorletzten Prämolaren mündet, von dem zwei Gefäßrinnen in Richtung zur dritten Incisivalveole führen. Weiter vorne mündet nun ein ventral gelegenes größeres und ein dorsal abzweigendes viel kleineres

Foramen mentale, deren Gefäßrinnen sei es zum Tuberculum mentale, sei es in Richtung zu den ersten zwei Incisivalveolen ausstreichen.

Weitgehend formverschieden ist aber die Pars incisiva. Sie hat eine Höhe von 130 mm über der Eckzahnalveole bei *H. Abeli* n. sp. und 114 mm bei unserer Vergleichsform, obwohl die Symphysenlänge mit 83 mm für beide Arten gleich ist. Besonders markant treten nun die Unterschiede sowohl in der Form der Incisivplatte wie auch des oberen Symphysenausschnittes auf. Während die Incisivplatte bei *H. Abeli* n. sp. in der Höhe der dritten Schneidezahnalveole ihren größten Durchmesser mit 64 mm hat und nach ihrem vorderen Ende immer schmäler wird, zeigt *H. Christoli*, daß diese zahnlose Platte nach vorne eigentlich immer breiter wird und an der Grenze zwischen erstem und zweitem Schneidezahnfach den größten Durchmesser mit 61 mm aufweist (Abb. 27 und 28).

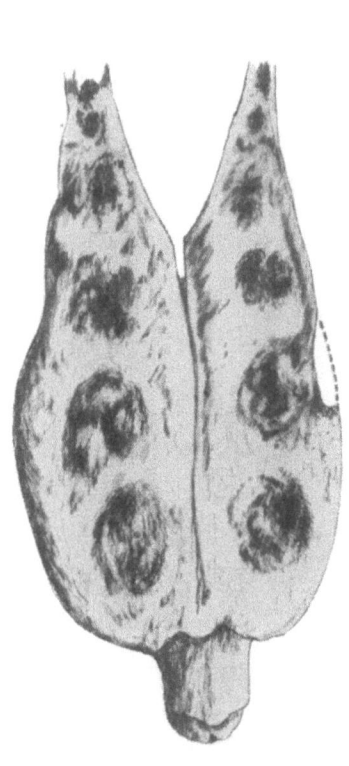
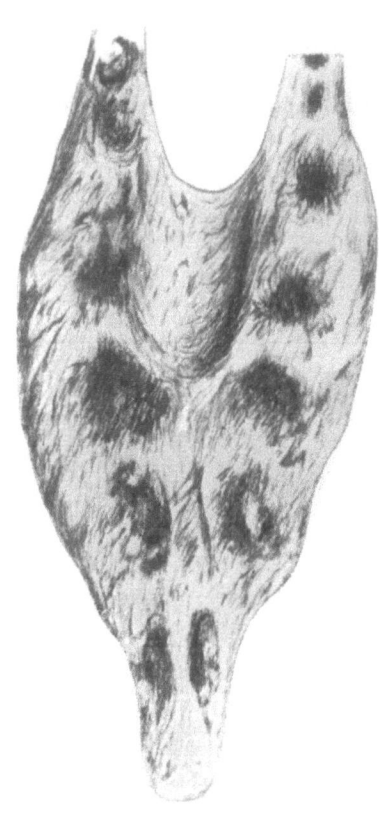

Abb. 29 a: Die Symphysialplatte von *Halitherium Christoli* FITZ. ($^2/_3$ nat. Gr.).

Abb. 29 b: Die Symphysialplatte von *Halitherium Abeli* spec. nov. ($^2/_3$ nat. Gr.).

Der Symphysenausschnitt ist bei unserer neuen Art von langovaler Form und liegt in der Höhe der Eckzahnalveole. Bei dem von FITZINGER beschriebenen Unterkiefer finden wir diesen keilförmig und nach vorne spitz zusammenlaufend, um dann noch bis zum Vorderrand der dritten Incisivalveole schlitzförmig die Unterkieferäste zu trennen (Abb. 27, 28 und 29). Abgesehen von der viel größeren Höhe dieser Knochenplatte bei *H. Abeli*, ist diese auch etwas stärker abgeknickt. Genauere Unterschiede geben ferner die vergleichenden Maße.

An dem Unterkiefer aus dem Lemoni-Sandbruch finden wir weiters noch, daß die aufsteigenden Kieferäste stark nach außen aufgebogen sind und dadurch eine bedeutende Breite erreichen. An der rechten Kieferhälfte ist auch noch der Proc. condylicus erhalten, der durch eine weite Incisura mandibulare vom Proc. coronoideus getrennt ist, der leider bei unserem Exemplar abgebrochen war.

Die Höhe des aufsteigenden Kieferastes beträgt am Proc. condylicus 194 *mm*. Der relativ sehr kleine Condylus ist schräg gestellt und verläuft von außen-vorne nach innen-rückwärts. Seine Breite beträgt 32 *mm* und seine Länge ist mit 22 *mm* festzustellen. Er ist von querovaler Form und im Verlaufe seines großen Durchmessers stark aufgewölbt.

Vergleichende Maße	H. Christoli	H. Abeli n. sp.
Größte horizontale Länge des Unterkieferkörpers	286 *mm*	303 *mm*
Breite des Unterkieferkörpers am M_3	74 *mm*	76 *mm*
Breite des Unterkieferkörpers am M_1	79 *mm*	78 *mm*
Totallänge der Incisivplatte	85 *mm*	112 *mm*
Breite der Incisivplatte am I_1	53 *mm*	46 *mm*
Breite der Incisivplatte am I_2	61 *mm*	58 *mm*
Breite der Incisivplatte am I_3	50 *mm*	64 *mm*
Breite der Incisivplatte am C	44 *mm*	55 *mm*
Länge der Prämolarenreihe (Alveolen)	55 *mm*	52 *mm*
Länge der Molarenreihe	70 *mm*	74 *mm*
Länge des aufsteigenden Astes in der Verlängerung der Molarenreihe	99 *mm*	99 *mm*
Höhe der Symphyse (vertikal)	114 *mm*	130 *mm*
Länge der Symphyse (horizontal)	83 *mm*	83 *mm*

5. Die Unterkieferzähne

In erster Linie ist eine gewisse Größen- und Höhenzunahme besonders des letzten Molaren auffallend, eine Eigenschaft, die schon O. ABEL als phylogenetisch wichtig erkannt hatte und Hand in Hand damit eine weitere Verkürzung der Prämolarenreihe bedingt. Leider sind die Zähne ziemlich stark abgekaut, doch lassen sich am rückwärtigen Talonid des dritten Molars deutlich drei kräftige Höcker unterscheiden, von denen der äußere auch hier der größte ist. Diese drei Höcker liegen fast halbkreisförmig angeordnet, wobei der mittlere etwas nach rückwärts verschoben ist. Es läßt sich aber kaum feststellen, ob zwischen dem Protoconid und dem Hypoconid ein sekundärer Höcker vorhanden war, obwohl dies anzunehmen wäre, denn O. ABEL fand auch in dessen Größenzunahme ein wichtiges phylogenetisches Merkmal.

Ein für *Metaxytherium* charakteristisches Basalband, das von der Spitze des Protoconids gegen die Basis des Metaconids herabläuft und als Neuerwerbung angesprochen wird, kann bei unserem Exemplar nicht festgestellt werden. Es findet sich aber am ersten rechten Molar, u. zw. an dessen Vorderwand, ein sehr kleiner Schmelzhöcker, der vielleicht mit etwas Phantasie noch bei den übrigen Backenzähnen dieser Zahnreihe zu erkennen wäre und in dem man eventuell den Rest eines vorderen Basalbandes, das ja auch bei den primitiven Formen der Seekühe noch zum Teil vorhanden war, vermuten könnte.

Als phylogenetisch wichtig wird auch die fortschreitende Teilung der Höcker am rückwärtigen Talonid angesehen, wo aus zwei Höckern drei werden. Nur der innere Höcker teilt sich in zwei Portionen, und dann kann durch abermalige Teilung der so entstandenen Innenhöcker die Fünfzahl erreicht werden. Auch hier bleibt der laterale Höcker immer der größte und höchste.

Diesbezüglich interessant ist ein im Linzer Landesmuseum befindlicher Einzelzahn von *Halitherium* aus den Sandlagern der Stadt Linz (Sir. Nr. 6), den schon FITZINGER in seiner Arbeit erwähnt hat. Es handelt sich um den letzten Unterkiefermolar der linken Zahnreihe, den auch O. ABEL (1904) beschrieben hat, dessen rückwärtiger Talonid aus fünf Zapfen besteht. Die Maße dieses Zahnes sind: Breite am Vorderjoch 17,5 *mm*, Breite am rückwärtigen Joch 19,5 *mm*, Länge des Zahnes 27 *mm*. Ich erwähne diesen Fund deshalb, da es nicht ganz ausgeschlossen ist, daß dieser Zahn *Halitherium Abeli* n. sp. angehört.

Vergleichende Maße	H. Christoli (1839)	H. Christoli (1926)	H. Abeli spec. nov.
Länge der Molarenreihe	69 mm	67 mm	links 71 mm rechts 73 mm
Länge der Prämolarenreihe an den Alveolen	58 mm	—	52 mm
Länge des M_3	24 mm	25,5 mm	27 mm
Breite des M_3 am Vorderjoch	19 mm	19 mm	21 mm
Breite des M_3 am Nachjoch	17 mm	18 mm	19,5 mm
Länge des M_2	24 mm	21 mm	23 mm
Breite des M_2 am Vorderjoch	19 mm	18 mm	19 mm
Breite des M_2 am Nachjoch	17 mm	18 mm	19,5 mm
Länge des M_1	21 mm	20,5 mm	20 mm
Breite des M_1 am Vorderjoch	18 mm	17 mm	16,5 mm
Breite des M_1 am Nachjoch	abgebrochen	16,5 mm	17 mm
Länge des letzten Prämolaren	—	18 mm	18 mm
Breite des letzten Prämolaren	—	16 mm	16 mm
Abstand der Unterkieferäste an der Alveole des P_1	40 mm	—	47 mm
Innerer Abstand der Zahnreihen am Vorderrand des M_1	—	—	38 mm
Innerer Abstand der Zahnreihen am Vorderrand des M_1	—	—	50 mm
Länge der Alveole für den I_1	21 mm	—	20 mm
Breite der Alveole für den I_1	15 mm	—	15 mm
Länge der Alveole für den I_2	19 mm	—	18 mm
Breite der Alveole für den I_2	19 mm	—	18 mm
Länge der Alveole für den I_3	16 mm	—	18 mm
Breite der Alveole für den I_3	12 mm	—	14 mm
Länge der Alveole für den C	11 mm	—	16 mm
Breite der Alveole für den C	10,5 mm	—	11 mm

Bei *Halitherium Christoli*, u. zw. bei dem Exemplar, das FITZINGER beschrieben hat, ist der innere Höcker am rückwärtigen Talonid des dritten Molars bedeutend schwächer und niedriger als der Außenhöcker. Bei dem Fund von *H. Christoli* aus der Jungbauer-Sandgrube (1926) und *H. Abeli* n. sp. ist dieser innere Höcker deutlich stärker, zumindest aber gleich groß, meist aber etwas höher als der äußere.

Am zweiten unteren Molar ist das rückwärtige Talonid bei *H. Christoli* im allgemeinen noch sehr kräftig und langgestreckt, während es bei *H. Abeli* n. sp. wohl sehr breit, jedoch kurz ist. Der äußere Höcker ist an dem Exemplar aus dem Jahre 1839 sehr kräftig, der innere jedoch sehr klein. Bei der Sirene aus der Jungbauer-Sandgrube sind beide Höcker relativ gut erhalten, der innere jedoch sehr stark abgekaut.

Aus den Maßen geht weiters deutlich hervor, daß sowohl M_1 als auch M_2 bei der neuen Sirenenart *H. Abeli* n. sp. stärker reduziert sind, u. zw. zugunsten eines viel größeren dritten Molars. Diese entwicklungsgeschichtliche Tendenz der Verkürzung sowohl der Prämolarenreihe wie auch der beiden ersten Molaren geht Hand in Hand mit der immer stärker werdenden Abknickung der Intermaxillaren und der damit verbundenen Verkürzung der vorderen Partien der Oberkiefer, die sich natürlich auch an den Unterkieferzahnreihen auswirkt, da als deren Folge die Unterkiefer selbst verkürzt wurden.

b) Die Knochen der Vorderextremität

1. Die Scapula

Was das Schulterblatt von *Halitherium Christoli* betrifft, so haben schon die Untersuchungen von O. ABEL gezeigt, daß die Scapula bereits breiter ist als bei *H. Schinzi*, aber schmäler als bei den jüngeren Halicoriden. Die Gelenkgrube des Schulterblattes ist ebenfalls bei den älteren Formen breiter als bei den jüngeren. Die Spina, das Acromion und der Coracoidfortsatz sind bei *Halitherium Christoli* kräftiger als bei deren Vorfahren und anderseits schwächer als bei den jüngeren Nachkommen.

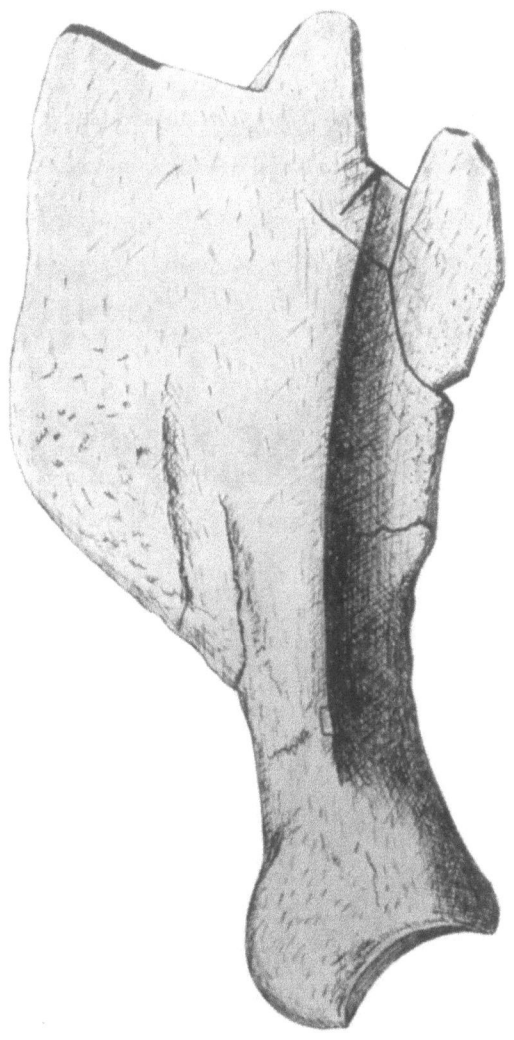

Abb. 30: Das linke Schulterblatt von *Halitherium Christoli* FITZ. (Sir. Nr. 7) (²/₃ nat. Gr.).

Von *Halitherium Christoli* liegt mir dasselbe linke Schulterblatt vor, das schon EHRLICH (1855) erwähnt und abgebildet hat. Der proximale Teil dieser Scapula ist in der Höhe des Anfangsteiles der Spina scapulae abgebrochen. Durch festanhaftende grobe Sandkörner ist seine laterale Fläche uneben und rauh, wie dies die Sirenenreste aus der mittleren Strandablagerung im allgemeinen erkennen lassen. Die Fossa supraspinata ist viel breiter als die Fossa infra spinam, und am halsseitigen Rand ist der Knochen viel dicker als auf der Gegenseite. Die Spina scapulae ist kurz und niedrig, jedoch von sehr breiter Basis. Sie erhebt sich erst gegen ihr distales Ende zu etwas mehr und bildete hier ein sehr kleines und stumpfes Acromion, dessen Spitze jedoch an unserem Fossil abgebrochen ist. Der relativ lange Hals ist flach und breit und endet in einer sehr schmalen, jedoch hohen und ovalen Cavitas glenoidea. Caudodorsal von der Gelenkpfanne erweitert sich der Schulterblatthals und bildet eine breite Tuberositas supraglenoidea, die sich gegen die mediale Fläche abbiegt. Der weitausholende Halsrand läuft mit der Spina fast parallel, während sich der Brustrand von dieser in proximaler Richtung nach und nach entfernt.

Am Halsrand finden wir außerdem eine bedeutende Vorwölbung und Verstärkung des Knochens an jener Stelle des Schulterblattes, wo dieses am distalen Ende zur Inc. scapulae abfällt. Die Gelenkpfanne ist seicht und schmal; ihre Breite beträgt 23 *mm*, ihre Höhe 45 *mm* (Abb. 30). Die mediale Fläche der Scapula ist fast eben und vollkommen glatt, ohne irgendwelche Muskelleisten.

Von *Halitherium Abeli* n. sp. liegen mir beide Schulterblätter vor, wovon das linke fast vollständig, das rechte jedoch am Hals abgebrochen ist (Abb. 31). Abgesehen von merklichen Größenunterschieden sind es bedeutende Formverschiedenheiten, die auch die Scapula dieser Sirenenart gegenüber *H. Christoli* charakterisieren.

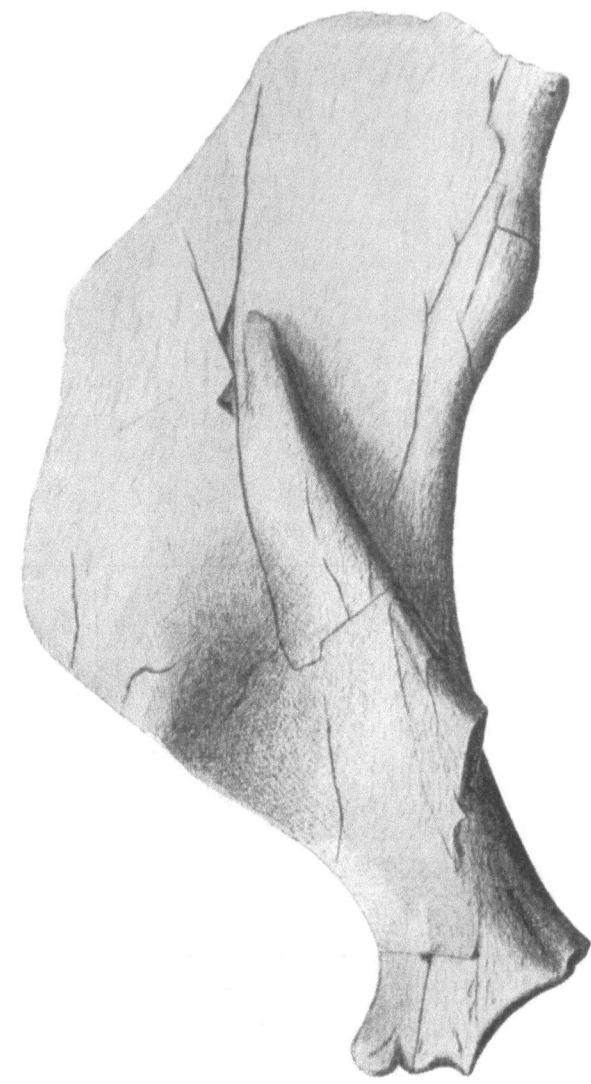

Abb. 31: Das linke Schulterblatt von *Halitherium Abeli* spec. nov. (Sir. Nr. 60) (½ nat. Gr.).

Nach der allgemeinen Form dieses Schulterblattes zu schließen, könnte es geradezu als ein Übergangsstadium zwischen *H. Christoli* und *Metaxytherium Krahuletzi* angesprochen werden, als was es Verf. auch ansieht. Sie ist bei weitem nicht so schlank und sichelartig wie bei den älteren Sirenen, aber fast so breit wie bei den miozänen Seekühen. Die viel kräftigere Spina scapulae beginnt mit einem breiten Ansatz ungefähr in der Mittellinie, sodaß an dieser Stelle die Fossa supraspinata der Fossa infraspinata an Breite fast gleich ist. Sie steigt nun langsam, aber beständig gegen das ziemlich hohe und kräftige Acromion an und zieht gegen den Margo axillaris und hat nicht die Form einer breiten Leiste wie bei *H. Christoli*, sondern ist lamellenförmig und biegt sich über den caudoventralen Rand, den distalen Teil der Fossa infraspinata bogenförmig überdeckend. Wie die diesbezüglichen Maße erkennen lassen, ist sie entschieden viel stärker, auch höher und bei weitem länger.

Die weite und an ihrer Mitte tief ausgehöhlte Fossa supraspinata wird gegen ihren freien und weit ausgreifenden Rand durch eine starke Aufwölbung und Verdickung des Knochens abgeschlossen. Die Fossa infraspinata ist dagegen an ihrem distalen Ende sehr schmal, nimmt jedoch rasch an Breite zu, um in der Höhe des Grätenansatzes fast etwas breiter zu sein, als dies dort die halsseitige Grätengrube ist. Der proximale Teil des Schulterblattes ist vollkommen glatt und flach; der dorsale Rand ist ausnehmend dünn und fällt gegen den in der Verlängerung der Fossa infraspinata gelegenen Nackenwinkel fast geradlinig ab. Die relativ schmale Schulterblattbasis besitzt feine Zähnchen und Vertiefungen für die Verbindung mit dem scheinbar kleinen Schulterblattknorpel. In ihrer Gesamtheit weicht also auch diese Schulterblattype nicht viel von der allgemeinen sichelförmigen Grundgestalt ab, und der Unterschied zwischen *H. Christoli* und *H. Abeli* n. sp. wäre der, daß man erstere Art als schmalsichelförmig und die andere Art als extrem breitsichelförmig, also mehr metaxytheriumartig, bezeichnen müßte.

Auffallend ist ferner der ausgesprochen kurze, jedoch kräftigere Hals des Schulterblattes und die viel breitere und größere Gelenkpfanne bei *H. Abeli* n. sp.

Vergleichende Maße	*H. Christoli* (Sir. 7)	*H. Abeli* n. sp. (Sir. 60)	*Metaxytherium Krahuletzi*
Größte Länge der Scapula	—	292 mm	—
Länge der Spina scapulae	100 mm	140 mm	160 mm?
Breite der Fossa supraspinata am Ansatz der Spina (vertikal)	64 mm	75 mm	100 mm
Breite der Fossa infraspinata am Ansatz der Spina (vertikal)	30 mm	70 mm	70 mm
Breite der Fossa supraspinata an der Mitte der Spina (vertikal)	54 mm	63 mm	—
Breite der Fossa infraspinata an der Mitte der Spina (vertikal)	18 mm	18 mm	20 mm?
Breite des Schulterblatthalses	37 mm	46 mm	—
Länge des Schulterblatthalses	45 mm	50 mm	—
Höhe der Gelenkpfanne	45 mm	52 mm	—
Breite der Gelenkpfanne	23 mm	35 mm	—
Höhe der Spina scapulae an ihrer Mitte	8 mm	17 mm	—
Höhe der Spina scapulae vor dem Acromion	14 mm	19 mm	—
Breite der Fossa supraspinata in der Höhe des Acromions	16 mm	33 mm	—
Breite der Fossa infraspinata in der Höhe des Acromions	14 mm	12 mm	—

Die mediale Fläche des Schulterblattes von *Halitherium Abeli* n. sp. ist an der Mitte sanft ausgehöhlt und zeigt besonders am Halsrande eine bedeutende Aufwölbung des Knochens und damit verbunden eine Verstärkung desselben. Die Lage des Schulterblattes scheint beim lebenden Tier eine mehr horizontale in bezug auf die Körperachse gewesen zu sein, wie dies speziell nach der Ausbuchtung der Innenfläche, die der Wölbung des Thorax entsprechend angenommen werden kann. Bei den Sirenen als Wasserbewohnern handelt es sich um freie Lokomotionsorgane, die nicht wie bei den landbewohnenden Säugetieren als Stützorgane funktionierten. Die Tuberositas supraglenoidea ist eigentlich bei beiden Sirenenarten kräftig entwickelt, obwohl sie bei der größeren Art relativ etwas mächtiger ist.

2. Das Humerusfragment

Aus dem Sandkeller des Mayr im Grubhof stammt ein Oberarmfragment von ausnehmender Größe, das zusammen mit dem Rumpfskelett im Jahre 1944 ausgegraben wurde (Sir. Nr. 60). Am distalen Ende dieses linken Humerus ist besonders die sehr kräftige Entwicklung des an und für sich immer schwächeren Epicondylus lateralis auffallend, der gerade bei den Metaxytherienarten so klein wird, daß er eigentlich nur als eine Verdickung der vom Caput humeri gegen den Außenrand herabziehenden Kante erkenntlich ist. Die sanduhrförmige Trochlea ist an ihrem äußeren Drittel stark eingeschnürt und besitzt eine vollkommen glatte Gelenksfläche. Die Fossa radialis und die ausnehmend tiefe und breite Fossa olecrani treten so nahe aneinander heran, daß der distale Oberarmknochen an dieser Stelle fast lamellenförmig wird und scheinbar an dieser Stelle ein größeres Foramen supratrochleare gebildet hat. Der noch bedeutend größere Epicondylus medius zeigt eine mehr aufgewölbte Außenfläche, an deren Mitte ein besonders markanter Bandhöcker in der Richtung der Knochenachse verläuft. Beide Epicondylen springen in caudaler Richtung

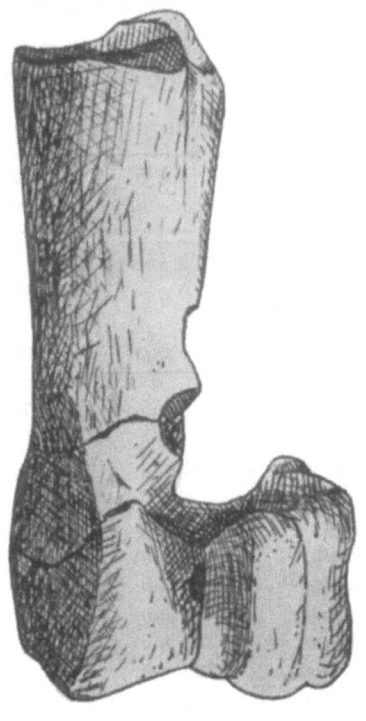
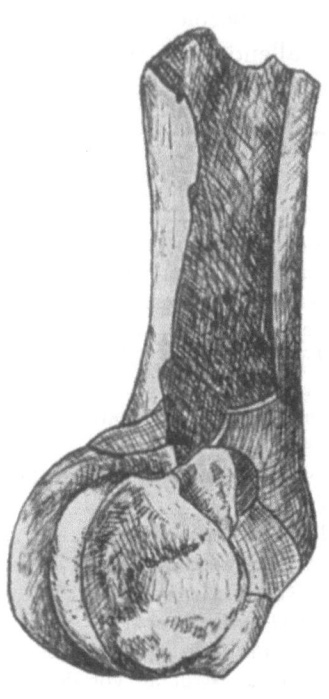

a) Vorderansicht. (²/₃ nat. Gr.).   b) Lateralansicht (²/₃ nat. Gr.).

Abb. 32: Das distale Ende des linken Humerus von *Halitherium Abeli* spec. nov.

etwas vor und bilden kräftige Muskelansätze für den Beugemuskel am inneren, für den Streckmuskel am äußeren Gelenkknorren. Die Diaphyse scheint ziemlich kräftig gewesen zu sein und läßt einen Röhrenknochen erkennen, der sich dadurch auszeichnet, daß die Rindenschichte etwas stärker als normal entwickelt ist, jedoch Spongiosa zur Ausbildung bringt. Zum Teil läßt sich auch eine kräftige Crista humeri erkennen, die unmittelbar über der Fossa radialis endet (Abb. 32).

Maße	
Breite des distalen Humerusendes	71 mm
Breite der Trochlea humeri	49 mm
Höhe des Epicondylus medius	62 mm
Höhe des Epicondylus lateralis	36 mm
Querdurchmesser der Fossa olecrani	35 mm
Querdurchmesser der Fossa radialis	47 mm

Die relativ gute Entwicklung des Epicondylus lateralis, der mit dem Radius, und des Epicondylus medius, der mit der Ulna artikuliert, lassen uns auf eine kräftige Ausbildung des Unterarmskelettes schließen, das durch kräftige Streck- und Beugemuskeln eine bedeutende Funktion für die Lokomotion erlangte.

3. Das Sternum

Bei der Beschreibung des Sternalfragmentes ist O. ABEL ein Irrtum unterlaufen, indem es sich bei dem von ihm determinierten Fragment nicht um den Processus xiphoideus s. ensiformis, sondern zumindest um den rückwärtigen Teil des Corpus sterni selbst handelt, da die Ansätze von zwei Rippenpaaren vorhanden sind. Der Proc. ensiformis ragt zwischen den Knorpeln der letzten wahren Rippe, caudal frei vor und verbindet sich nie mit den Rippen. Er verwächst jedoch häufig mit der letzten Sternebra vollkommen und trägt den Schaufelknorpel.

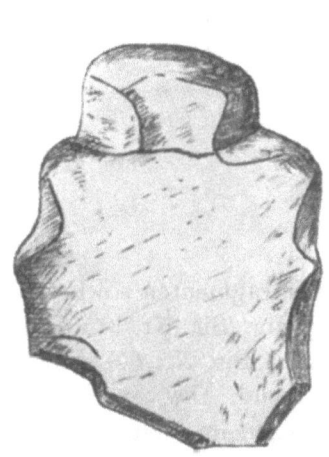
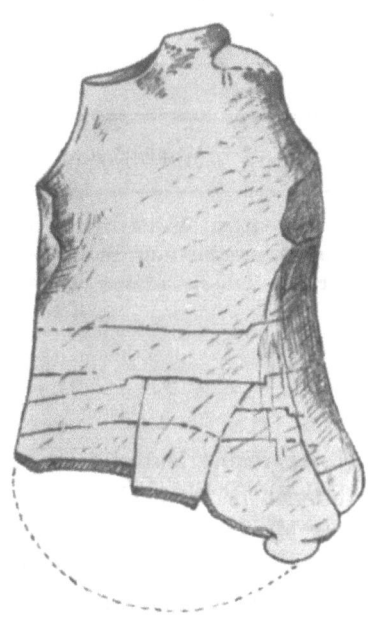

Abb. 33 a: Das Corpus sterni von *Halitherium Christoli* FITZ. ($^2/_3$ nat. Gr.).

Abb. 33 b: Das Corpus sterni von *Halitherium Abeli* spec. nov. ($^2/_3$ nat. Gr.).

Nach vorne endet dieses Sternalfragment mit einer rauhen Synchondrose wahrscheinlich gegen das Manubrium sterni, das wegen des Fehlens einer clavicularen Verbindung sicher eine Rückbildung erfahren hatte. Von dieser Brustbeinfuge in caudaler Richtung verbreitert sich das Corpus sterni, u. zw. bei *H. Christoli* stufenförmig, bei *H. Abeli* n. sp. jedoch schwach bogenförmig bis zur Ansatzstelle des rückwärtigen Rippenpaares, die von O. ABEL als die vierte bezeichnet wurde. Am Sternum von *Halitherium Christoli* finden wir aber auch noch eine Incisura costalis unmittelbar weiter vorne in einem stufenartigen Ausschnitt für das dritte Rippenpaar, die aber der neuen Sirenenart vollkommen fehlt.

Der sich schaufelförmig erweiternde caudale Abschnitt wird nach rückwärts und auch nach den Seiten dünner und läuft in eine scharfe Kante aus und biegt sich in ventraler Richtung im Verlaufe der Mittellinie auf, wodurch die Innenfläche sanft konkav, die Außenfläche des Brustbeines konvex erscheint. Bei *H. Christoli* liegen die Ansätze für die Rippen mehr an der Innenfläche, bei der anderen Form jedoch lateral, am Außenrande des Corpus sterni. Außerdem finden wir bei *H. Abeli* n. sp., daß sich das Brustbein, angefangen vom einzigen Rippenansatz, nach rückwärts bogenförmig erweitert, um bei einem 50 *mm* langen Verlauf eine Breite von 74 *mm* zu erreichen. Von hier ab biegt sich das caudale Ende ab und bildet einen flachen, dünn auslaufenden, bogenförmigen Rand, der an unserem Exemplar wohl nur zum Teil erhalten ist. Bei der Vergleichsform nimmt das Brustbein nach rückwärts jedoch an Breite ab (Abb. 33 a und b). Die Innenfläche ist bei beiden Sirenenarten glatt, und nur an der Außenfläche des Sternum von *H. Abeli* n. sp. findet man an dessen Medianlinie eine flache Muskelleiste, die etwa in der Höhe des Rippenansatzes beginnt und in Richtung zum caudalen Rand etwas stärker und höher wird. Dieser schwache Brustbeinkiel fehlt aber bei *H. Christoli*. Rings um die Ansatzstellen für die Befestigung der Rippenknorpel beobachtet man speziell an der Außenfläche schwächere Unebenheiten am Knochen, die für Muskelansätze gedient haben mögen. Merkwürdig ist noch am Sternum von *H. Abeli* n. sp., daß sowohl die Synchondrosis sternalis am Vorderrand als auch die Ansatzstellen für das Rippenpaar stark schräg gestellt sind, so daß die linke Incisura costalis etwas weiter caudal zu liegen kommt (13 *mm*), wodurch eine Asymmetrie dieses Knochens entsteht.

Vergleichende Maße	*H. Christoli*	*H. Abeli* n. sp.
Breite des Corpus sterni an der Synchondrosis sternalis	35 *mm*	41 *mm*
Breite des Corpus sternalis am rückwärtigen Rippenansatz	59 *mm*	59 *mm*
Dicke des Corpus sternalis an der Synchondrosis sternalis	15 *mm*	16 *mm*

4. Die Rippen

Das umfangreiche Material von Einzelrippen und Rippenfragmenten sowie die beiden in situ gefundenen Rumpfskelette aus der Prixenhäusl-Sandgrube (Sir. Nr. 9) und aus dem Sandkeller des Mayr im Grubhof bei St. Georgen an der Gusen (Sir. Nr. 60) sind in bezug auf ihre makroskopische Struktur und Form sehr übereinstimmend. Die von *H. Abeli* n. sp. stammenden Rippen sind anscheinend etwas kräftiger und neigen im allgemeinen mehr zu einem hochovalen bis rundlichen Querschnitt. Nach der Zahl der Ansatzstellen der Rippen am Sternum zu schließen, scheint die Zahl der echten Rippen bei *H. Abeli* n. sp. geringer gewesen zu sein als bei *H. Christoli*.

5. Die Wirbel

Von *Halitherium Abeli* n. sp. sind Teile der Halswirbelsäule erhalten geblieben, die deutlich die starke Reduktion dieses Abschnittes der Wirbelsäule erkennen lassen. Der ausnehmend kurze und ringförmige Atlas zeigt am Arcus dorsalis noch ein schwaches Tuberculum dorsalis; die Facies articularis cranialis ist relativ sehr groß und dem Condylus occipitalis entsprechend stark schräg gestellt. Die Atlasflügel sind sehr klein und nur durch eine flache Incisura alaris abgesetzt. Der Arcus ventralis ist schmal und glatt (Abb. 34).

Die übrigen, nur teilweise erhalten gebliebenen Halswirbel sind sehr kurz, ringförmig, und man könnte fast sagen hinfällig.

Die Wirbel der Brustregion sind ausnehmend mächtig, plump und zeichnen sich durch besonders starke und lange Dornfortsätze aus. Die Lendenwirbel haben bei einer großen Massigkeit der Körper ein relativ sehr kleines Wirbelloch, jedoch sehr starke und weit ausholende, dorsoventral abgeflachte Querfortsätze und niedrige Gelenkfortsätze. Die Lendenwirbel gehen, ohne ein Sacrum zu bilden, in die Schwanzregion über.

Die Wirbel von *Halitherium Abeli* n. sp. scheinen ebenfalls etwas kräftiger zu sein als die von *H. Christoli*, wenn auch merkliche Formunterschiede nicht zu beobachten sind.

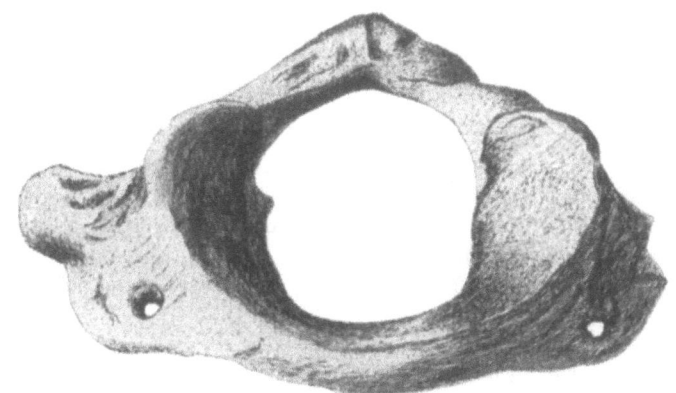

Abb. 34: Der Atlas von *Halitherium Abeli* spec. nov. ($^2/_3$ nat. Gr.).

III. Zusammenfassung und Systematik

Die weitgehenden Unterschiede, die bei der anatomischen Untersuchung der Sirenenreste aus den Linzer Sanden festgestellt werden konnten, lassen erkennen, daß es sich bei den Funden aus der II. und III. oberoligozänen Strandterrasse um zwei verschiedene Arten von *Halitherium* handeln muß, wobei sich die bisher bekannte Art, *Halitherium Christoli*, entschieden mehr an *H. Schinzi* anlehnt, während die neu beschriebene Sirenenart bereits in vielen Merkmalen metaxytheriumähnlich ist. Nicht allein die zum Teil oft recht geringen Größenunterschiede sind es, die zu dieser Auffassung geführt haben, sondern tiefgreifende Unterschiede anatomischer Natur.

So konnte der Nachweis erbracht werden — um nur die wichtigsten Unterschiede festzuhalten —, daß sich der Oberschädel durch besonders markante anatomische Verschiedenheiten auszeichne. Das Temporale zeigt z. B. eine ganz andere Formgestaltung, sei es hinsichtlich seines Schuppenteiles, sei es bezüglich der Entwicklung und Größe der Pars mastoidea, als die Gestalt der Gelenkgrube und selbst des Jochbogenfortsatzes. An den leider sehr schlecht erhaltenen letzten Molaren des Oberkieferfragmentes kann man wichtige Unterschiede bezüglich ihrer Größe und Form sowie eine verschiedenartige Gestaltung der Höcker und des Talon, speziell am vorletzten Molar, erkennen.

Die Wuchtigkeit des Unterkiefers mit einer ganz anders gestalteten Incisivplatte, markante Zahnmerkmale, die auf eine viel höher stehende phylogenetische Entwicklung dieser Sirenenart hinweisen und die weiter fortgeschrittene Reduktion der Prämolarenreihe sind typische Merkmale dieser neuen Seekuh.

Ganz besonders auffallend ist die ähnlich bei *Metaxytherium Krahuletzi* auftretende Formgestaltung der Schulterblätter mit breitovaler Cavitas glenoidea.

Ziehen wir nun auch noch das geologische Alter dieser Funde in Betracht, so haben wir in dieser neuen Sirenenart, die ich zu Ehren meines leider verstorbenen Lehrers und Freundes Prof. Dr. Othenio ABEL *Halitherium Abeli* nov. spec. benannt habe, ein neues Bindeglied von *Halitherium Christoli* zu *Metaxytherium Krahuletzi*.

Wenn wir das Schema der Abgrenzung der Gattungen *Halitherium* KAUP und *Metaxytherium* de CHRISTOL betrachten, wie es O. ABEL im Jahre 1904 aufgestellt hatte, so finden wir, daß sich dementsprechend unsere neue Sirenenart eigentlich schon mehr dem Metaxytheriumtyp nähert und tatsächlich eine Übergangsform von *Halitherium* zu *Metaxytherium* darstellen könnte. Zur besseren Beurteilung gebe ich dieses Schema in seinen wichtigsten Punkten für unsere Betrachtungen wieder.

Die Gattung *Halitherium* KAUP	Die Gattung *Metaxytherium* de CHRISTOL
Schädel: Aus starken Knochen, Ohrapparat vollkommen; Felsenbein vom Schläfenbein eng umfaßt. Scheitel scharfkantig; Linea temporalis stark wulstig, nach vorne konvergierend und von den Stirnbeinen an wieder auseinandertretend. Nasenöffnung eiförmig-langgestreckt.	Schädel: Starke Verbreiterung der Schädeldecke und größerer Abstand der Temporalkanten. Ohrapparat in Rückbildung. Zwischenkiefer kräftiger und stärker abgeknickt. Stärkere Annäherung der Spitze des Supraoccipitale an das For. magnum.
Schulterblatt: Schmal, sichelförmig und mit schwacher Spina, schwachem Acromion und kleinem Coracoid.	Schulterblatt: Bedeutend größer und breiter; starke Verbreiterung des suprascapularen Abschnittes. Spina, Acromion, Coracoid sind viel stärker entwickelt.
Humerus: Gerade und schwach.	Humerus: Ganz bedeutend stärker.
Oberkiefermolaren: Ihre Krone besteht aus 2 queren Jochen, welche je aus 3 Höckern zusammengesetzt sind; vorne und hinten schließen sich ein Talon an, der vorne transversal und an seiner Kante gezähnt ist, hinten aber in mehrere Höcker zerfällt. Die Zahl der letzteren variiert. Der rückwärtige Zwischenhöcker (Metaconulus) ist etwas nach vorne verschoben. Der vordere und hintere Innenhöcker (Proto- und Hypocon) sind stärker und höher als die anderen Höcker. Die Schmelzkrone der Prämolaren besteht aus einem kegelförmigen Hauptzapfen mit einem Kranz von Nebenzapfen.	Oberkiefermolaren: Die Zahnkrone mit selben Bauplan wie bei *Halitherium*, doch treten zahlreiche Nebenzapfen in den Tälern hinzu. Der vordere Talon nimmt die Gestalt eines pyramidenförmigen Höckers an (bei den höchstentwickelten Zähnen) welcher sich zwischen Protoconulus und Protocon einschiebt und diese beiden Höcker fast trennt. Der Protoconulus rückt nach hinten und legt sich eng an das Paracon an; dagegen schiebt sich der Metaconulus nach vorne, trennt sich vom Metacon ab und legt sich dicht an den Hypocon. Der rückwärtige Talon ist ein-, zwei- oder mehrhöckerig. Häufig sind die Höckerwände mit Längsrunzeln bedeckt.
Die Unterkiefermolaren bestehen aus 2 quergestellten Hauptzapfenreihen, vorne ein Basalband, welches bei den vorderen Molaren am stärksten entwickelt ist, dem letzten M aber fehlt; dafür nimmt das rückwärtige, zwei-, drei- oder mehrzapfige Talonid an Größe zu. Zwischen den Haupthöckern beider Querreihen Nebenzapfen in wechselnder Zahl. Im Quertal ein konstant auftretender Nebenhöcker. Ober- und Unterkiefermolaren sind relativ schmal.	Die Unterkiefermolaren: Nach demselben Bauplan wie bei *Halitherium*, aber komplizierter durch das Auftreten sekundärer Nebenzapfen in den Tälern. Das Vorderjoch ist viel breiter als bei *Halitherium*. Das vordere Basalband verschwindet und ist am letzten M ein unscheinbarer Schmelzzipfel an der Basis des Protoconid. Bei den höchstentwickelten Typen entsteht an der Vorderwand des letzten und vorletzten M ein neues Basalband, welches von der Spitze des Protoconid zur Basis des Metaconid zieht. Das rückwärtige Talonid nimmt an Größe zu. Durch Abtrennung des hinteren, mittleren Höckers entsteht bei *M. Krahuletzi* ein drittes Joch. Die Quertäler nehmen an den Ober- und Unterkiefermolaren an Tiefe zu. Die Höcker werden kräftiger und neigen sich mit ihren Spitzen zusammen, während sie sich bei *Halitherium* noch fast gerade erheben.

F. Das Knochenskelett der Sirenen in histologischer Hinsicht und das Problem der Pachyostose und Osteosklerose

I. Allgemeines

Im Laufe der ontogenetischen Entwicklung ändert sich das Knochengewebe durch stetigen Zuwachs, Ab- und Umbau, wodurch das Skelett seinen strukturellen Zustand immerfort wechselt, ebenso wie dies der tierische Organismus im allgemeinen erkennen läßt.

Das Knochenmaterial obliegt den Gesetzen mechanischer Beanspruchung mehr als irgend ein anderes Gewebe und wird deshalb je nach seiner Beeinflussung von Zug und Druck entsprechend umgestaltet, was aber nur dann möglich ist, wenn dieses Gewebe eine fortdauernde, eine das ganze Leben anhaltende Erneuerung erfährt. Die Knochenzellen, durch eine Veränderung von Reizen veranlaßt, bewirken eine so tiefgreifende Umgestaltung der Knochenstruktur und Form, daß diese selbst makroskopisch sichtbar werden kann. Eine Umstellung der Reize regt neue Tätigkeit im Knochengewebe an. Es ist bekannt, daß die Form der Knochen durch die Einwirkung der Muskulatur unmittelbar beeinflußt wird, u. zw. in der Form, daß die Knochensubstanz dort abgebaut wird, wo das Periost einen Druck erfährt, während umgekehrt Zugwirkung eine Vermehrung ihrer Substanz hervorruft. Die Zugwirkung führt zur Bildung von Exostosen oder Apophysen, wie Cristae, Tuberositäten, Trochanter usw. Grubige Einsenkungen und Vertiefungen an der Knochenoberfläche sind anderseits die Folgen von äußeren Druckwirkungen, speziell von Weichgebilden. Die Osteoblasten, die ursprünglich am Aufbau des Knochens tätig waren, werden alsbald zu Osteoklasten, wenn die Knochenbälkchen umgestellt und daher abgebaut werden müssen, entsprechend der neu entstandenen Kraft- und Lastlinien. Für die Entwicklung und Existenz des Knochengewebes sind daher die physiologischen Vorgänge der immer möglichen Auflösung und Neubildung von grundlegender Bedeutung. Während des Wachstums finden wir neben der Neubildung gleichzeitig auch an vielen Stellen eine Resorption alter Knochenmassen, die so lange anhält bis die endgültige Gestalt des ausgewachsenen Tieres erreicht wird, die damit den mechanischen Anforderungen am weitestgehenden entspricht. Die jeweilige Form des Knochens ist dementsprechend der Ausdruck funktioneller Selbstgestaltung, und sogar am vollkommen ausgebildeten Skelett gehen noch, wenn auch im verminderten Maße, die Prozesse der Apposition und Resorption vor sich. Einfache Gesetze der Mechanik bringen auch die Stärkenverhältnisse der Skelettknochen zum Ausdruck.

Der physiologische Effekt eines Organs ist, wie wir wissen, abhängig von dessen histologischem Aufbau, und sollte letzterer eine uns unbekannte Form darstellen, müssen wir folgerichtig auf Lebenserscheinungen schließen, die uns ebenso unbekannt sein müssen. Es wäre aber ganz entschieden zu weit gegangen, wenn wir das, was wir noch nicht vom tierischen Organismus kennen, als abnormal, ja sogar als krankhaft auslegen würden, wie dies leider bezüglich des Knochenbaues der Sirenen bisher geschehen ist. Seit fast 75 Jahren zieht sich die Meinung durch die paläontologische Literatur, daß bei verschiedenen Wirbeltieren, die sekundär vom Land- zum Meerleben übergegangen seien, so auch bei den tertiären Sirenen, pachyostotische Erkrankungen am Skelett nachgewiesen werden konnten. Dabei soll es sich angeblich um Knochenveränderungen handeln, die eine strukturelle Umbildung des Knochengewebes erkennen lassen, wie sie in derselben Form unter dem Namen „Hyperostose und Pachyostose" beim Menschen und Haustieren vorkommen und als pathologische Veränderungen beschrieben worden sind, bei Tieren in freier Wildbahn jedoch noch nie beobachtet wurden. Bezeichnend für diese Knochenerkrankungen ist der teilweise, meist aber totale Verschluß der Haversischen Kanäle, wodurch der Knochen eine außerordentlich dichte, elfenbeinartige Struktur erhält. Hand in Hand mit dieser Osteosklerose sei eine starke Anschwellung des Knochens zu verzeichnen, die durch eine Überfunktion des periostalen Gewebes entsteht (Pachyostose).

Solche von Baron von NOPCSA als Arrostie bezeichnete Erscheinungen hat schon 1873 BRANDT an den Wirbelfortsätzen von *Pachyacanthus* beschrieben und nachzuweisen versucht. Van BENEDEN hat zwei Jahre später diese Erscheinungen als Spondylitis deformans bezeichnet, und noch im selben Jahr zeigte GERVAIS, daß es sich hier „nur" um eine Pachyostose handle, denn Osteosklerose trete bei *Pachyacanthus* nicht auf. BRANDT erbrachte ferner noch den Nachweis, daß Pachyostose schon bei sehr jungen Individuen vorhanden sei, wenngleich sie auch nicht bei allen Tieren gleich stark auftrete. Die Liste der pachyostotischen Veränderungen an Skeletteilen, speziell an Wirbeln und Rippen, vermehrte sich dann durch die Arbeiten von NOPCSA und O. ABEL, bis schließlich SICKENBERG in seiner „Morphologie und Stammesgeschichte der Sirenen" den Versuch unternimmt, die Pachyostose und Osteosklerose bei den fossilen und rezenten Seekühen zu bearbeiten.

Es ginge wohl über den Rahmen dieser Arbeit, eine umfassende Kritik zu den Ausführungen SICKENBERG's zu geben, doch kann ich nicht umhin, wenigstens auf die gröbsten Widersprüche hinzuweisen. Einerseits ist dieser Autor im Zweifel, ob die Pachyostose bei den Seekühen und die Osteosklerose „pathologischer Natur" seien oder bloß ein identer Erscheinungskomplex, wie er bei pathologischen Fällen auftrete. Anderseits gibt er eine Definition, was man als Pachyostose und Osteosklerose in der paläontologischen Literatur verstehe. Unter Osteosklerose sei jene histologische Veränderung des Knochens zu verstehen, deren Kennzeichen der Schwund der Haversischen Kanäle und der Markräume und der Ersatz der Spongiosa durch kompaktes Knochengewebe seien. Es komme dadurch die eigentümliche elfenbeinartige Beschaffenheit des Knochens zustande (Eburnität). Als Pachyostose wird die allgemeine Dickenzunahme der betroffenen Hartteile bezeichnet. Und schließlich sagt SICKENBERG (1931, S. 410) „über die Histologie von Sirenenknochen liegt noch keine Untersuchung vor", denn zur Beobachtung gelangte nur das makroskopische Bild.

Um einen klaren Überblick in diese anscheinend etwas zu voreilig gefaßte Beurteilung von Fragenkomplexen zu bringen, ist es notwendig, zwei Erscheinungen vollkommen auseinanderzuhalten, nämlich einerseits den Schwund der Haversischen Kanäle, der entschieden zu einer schweren Störung der physiologischen Tätigkeit des Organs führen muß, da damit die Durchblutung und folglich die Ernährung des Knochengewebes ausgeschaltet wird. Ein Vorhandensein einer derartigen Abweichung vom normalen histologischen Bau des Knochens und die damit verbundene Störung der physiologischen Funktionen müßte wohl als „Krankheit" und daher als pathologisch bezeichnet werden. Man will doch mit dem Ausdruck „Krankheit" ein der Gesundheit entgegengesetztes Verhalten benennen, das sich durch abnormale Funktion eines Organs oder eines ganzen Systems kennzeichnet. Störungen derartiger Natur im Knochensystem eines Tieres, wie sie bei den Sirenen als osteosklerotische Erkrankung angenommen wird, würde so lebenswichtige physiologische Verrichtungen unterbinden und damit die Lebensäußerungen im allgemeinen so tiefgreifend beeinträchtigen, daß das Tier unbedingt zugrunde ginge, aber niemals einen Dauerzustand herstellen, der sich sogar normal vererben könnte (SICKENBERG's Phylogenese der Pachyostose und Osteosklerose).

Anderseits wird der Schwund der Markräume und der Ersatz der Spongiosa durch kompakte Knochensubstanz als symptomatisch für die Osteosklerose der Sirenenknochen angeführt. Diese Erscheinung braucht bei weitem nicht pathologisch, daher auch nicht osteosklerotisch zu sein, wenn dadurch das Haversische Kanalsystem keinen Nachteil erleidet, denn wir wissen, daß im allgemeinen bei einer starken mechanischen Beanspruchung des Knochens, dort wo die Architektur der Spongiosa nicht mehr die genügende Resistenz leisten kann, eine oft weitgehende Zunahme der kompakten Substanz, selbst im individuellen Leben, stattfindet. Ein derartig verstärktes Knochensystem kann daher im Ablauf der phylogenetischen Entwicklung der Sirenen entstanden sein, u. zw. durch den immer mehr zunehmenden Aufbau des Knochens aus kompakter Substanz, wodurch wohl mit der Zeit ein monströs schweres, jedoch funktionell normales Knochengewebe entstanden sein kann, wie dies die histologischen Untersuchungen der Sirenenknochen bestätigen.

Auch die Pneumatisierung der Knochen bei Vögeln und Säugetieren zeigt uns, daß diese auf ganz normalen Weg, bedingt durch die funktionelle Selbstgestaltung, zum Schwund der Spongiosa geführt hat. In die dadurch entstandenen Knochenhohlräume wachsen dann Schleimhäute eines benachbarten Schleimhauttraktus ein und bekleiden ihre Wände. Sie kommunizieren dann direkt mit der Außenwelt und sind entsprechend mit Luft erfüllt. Die Pneumatisierung der Knochen stellt demzufolge nur einen zweckmäßigen und entgegengesetzt verlaufenden Extremzustand dar, wie sie ihn etwa die Sirenen ausbilden, da es bei den einen darauf ankommt, das Gewicht des Knochens zu verringern, bei den andern das Knochengewicht zu vermehren.

Um weitere irrtümliche Bezeichnungen auszuschalten, schlage ich für diese Form einer Knochenentwicklung den Ausdruck Ponderosität vor. Unter Ponderosität verstehe ich demzufolge eine extreme Zunahme des Knochens an Gewicht, Festigkeit und damit zum Teil auch an Volumen auf Kosten der Markräume, dessen Entstehung aber nicht durch krankhafte Prozesse beeinflußt wurde.

Auch den von NOPCSA aufgestellten Begriff „Arrostie" möchte ich ausschalten, da dieser Autor damit eine physiologische Funktionsstörung bezeichnet, die, durch ein neues Milieu bedingt, sich in Form einer chronischen Krankheitserscheinung auf Generationen verteilen soll, er also unter diesem Begriff eine fehlgeschlagene Anpassung im physiologischen Sinne annimmt.

Um einen Vorgang als pathologisch diagnostizieren zu können, wie ihn die eigenartige Knochenentwicklung der Sirenen aufweist, ist selbstverständlich ein genauer histologischer Befund unumgänglich, denn mit bloßer Lupenbetrachtung ist weder der Schwund der Haversischen Kanäle noch die eburne Struktur zu erkennen. Das makroskopische Bild allein ist also für derartige Untersuchungen nicht hinreichend und führt, wie bekannt, zu leicht zum Irrtum, noch dazu es sich um fossile Knochen handelt, die durch einen lang anhaltenden Fossilisationsprozeß eine tiefgreifende Veränderung erhalten haben. Vergleichen wir z. B. die chemische Zusammensetzung der Sirenenknochen aus den Linzer Sanden mit einem rezenten Knochen, so finden wir, daß der fossilisierte Knochen nur 75% phosphorsauren Kalk, aber 17% kohlensauren Kalk enthält und die Kieselsäure mit 1% eine untergeordnete Rolle spielt. Die organische Grundsubstanz, das Ossein, das etwa ein Drittel des Gesamtgewichtes bei frischen Knochen beträgt, ist während der Fossilisation verlorengegangen und wurde wenigstens zum Teil durch anorganisches Material, wohl durch kohlensauren Kalk, ersetzt. Die anorganischen Bestandteile eines rezenten Knochens sind 80—90% phosphorsaurer Kalk, bloß 7—10% kohlensaurer Kalk und 1—2% phosphorsaures Magnesium mit Spuren von Fluorcalcium.

II. Die Histologie der Sirenenknochen

Zur Untersuchung gelangten Dünnschliffe verschiedener Skelettknochen, ganz besonders der Rippen, Wirbel und des Oberarmes, also jene Teile des Sirenenskelettes, die sich durch ihre angebliche eburne Struktur, durch den Schwund der Haversischen Kanäle und durch ein pathologisch bedingtes Breitenwachstum auszeichnen sollen. Ich stellte zu diesem Zweck Serien von Dünnschliffen sowohl in transversaler als auch in longitudinaler Richtung zur Knochenachse her, um ein klares Bild der tatsächlichen histologischen Struktur dieser Knochen zu bekommen. Farbtechnisch ließ sich an diesen Dünnschliffen, die in einer Dicke von 20 bis 50 μ hergestellt wurden, wegen ihres Fossilisationszustandes kaum irgendeine uns bekannte Methode anwenden, doch lassen sich zumeist auch die feinsten Einzelheiten ohne eine solche erkennen, da Eisen- und Manganoxyde auf natürlichem Wege eine gute

Kontrastfärbung hervorgerufen haben. Zum Zweck einer vergleichend histologischen Untersuchung habe ich auch Dünnschliffe von allen mir vorliegenden Sirenenresten aus den Linzer Sanden sowie auch von *Metaxytherium Krahuletzi* aus dem Burdigal von Eggenburg hergestellt, untersucht und photographiert.

Die Oberfläche der Rippen war, wie leicht erkennbar, von einer besonders derben Beinhaut überzogen, die besonders reich an Blutgefäßen und Nerven gewesen sein muß und während der ontogenetischen Entwicklung des Tieres das vermehrte Dickenwachstum des Knochens vermittelte. Dies beweisen die überaus zahlreichen Ernährungslöcher, die an der Oberfläche des Sirenenknochens besonders auffallen. Es handelt sich um meist größere Vasa nutritia, durch die das Knochengewebe ihr Blut und zahlreiche Nerven empfängt, die sich dann unregelmäßig nach innen verzweigen. Wie wichtig diese Ernährungsgefäße für die Physiologie des Knochengewebes gerade bei den Sirenen war, läßt sich an der großen Zahl relativ kräftiger und tiefeingeschnittener Gefäßrinnen erkennen, die entweder achsenparallel verlaufen oder sternförmig um ein größeres Ernährungsloch angeordnet sind und dadurch die eigenartige rauhe Oberfläche der Knochen verursachen (Tafel I, Fig. 1 und 2). Während die Anordnung dieser Gefäßrinnen an den Rippen der Sirenen aus der ersten Meeresterrasse, also bei *Halitherium pergense* noch unregelmäßig über die ganze Oberfläche verteilt ist, finden wir bei *H. Abeli* n. sp., daß diese sich mehr an die Außenseite verlagern, was damit zusammenhängen dürfte, daß bei letzterer Art das Breitenwachstum an der Außenseite viel reger gewesen war, wie dies auch im Querschnitt durch die Rippen deutlich zu erkennen ist. An transversalen Anschliffen durch die Rippen finden wir nämlich, daß der ehemalige Markraum bei den primitiveren Sirenen noch etwas zentraler zu liegen kam und daß sich die Kompakta wohl dominierend nach außen hin gleichmäßig und mondsichelförmig anlagert, während die Innenseite im Breitenwachstum zurückbleibt. Bei *Halitherium Abeli* n. sp. finden wir dagegen die Tendenz des größten Breitenwachstums nach vorne und außen verschoben, wobei der ehemalige Markraum noch weiter an die Innenfläche der Rippe heranrückt und der Querschnitt deshalb mehr eiförmig wird. Speziell das Breitenwachstum der Rippen ist durch deutliche Anlagerungsringe in der kompakten Knochenrinde erkennbar.

Weiters bemerkt man bereits mit freiem Auge am Querschnitt durch die Rippen ein unregelmäßig verteiltes gröberes Kanalsystem, das den ganzen Knochen durchzieht und die größeren Kanäle eines kavernenartigen Wundernetzsystems darstellt. Diese sind je nach der Fossilisation oft sekundär durch Manganoxyd oder Kalziumkarbonat ausgefüllt und dann makroskopisch schwer zu erkennen (Tafel I, Fig. 3).

Ganz eigenartig für die Rippen und Wirbelbögen ist das scheinbare Fehlen von Substantia spongiosa, jener schwammigen Knochensubstanz, die normalerweise in Form von Bälkchen und Blättchen als ein dichtes Fachwerk im Innern der Knochen bei fast allen Säugetieren anzutreffen ist. Zwischen diesem Fachwerk der spongiösen Knochensubstanz bilden sich meist größere oder kleinere Markräume, die gegen das Zentrum des Knochens in die eigentliche Markhöhle übergehen. Nach dem histologischen Bild zu urteilen, scheint zumindest im Jugendstadium der Sirenen noch ein solcher Markraum vorhanden gewesen zu sein, der aber sekundär im Laufe der individuellen Entwicklung verlorenging. Durch Resorption wurde das bereits ausgebildete spongiöse Knochengewebe wieder aufgelöst und durch Ablagerung neuer Knochenmassen von der Innenfläche der Haversischen Kanäle her in Substantia compacta umgewandelt. Das Knochenmark, das ursprünglich in allen Markräumen und Knochenhöhlen des Fötus vorhanden war und erst beim neugeborenen Tier verfettete, ging nun mit dieser Umgestaltung und Verlagerung des Knocheninneren fast vollkommen verloren, da beim erwachsenen Tier einzig und allein kompaktes Knochengewebe vorzufinden ist. Diese Umgestaltung des Knochens scheint zeitlich mit dem beginnenden Unterwasserleben der Sirenen zusammenzufallen. Untersuchungen an Dünnschliffen von einer Süßwassersirene *(Trichechus)* zeigen aber, daß, obwohl die Markhöhle sehr stark verkleinert ist, diese nicht ganz fehlt und von zahlreicher Spongiosa erfüllt wird, eine Erscheinung, die möglicherweise mit dem spezifischen Gewicht des Mediums, in dem die Sirenen leben, in Einklang zu bringen ist.

Die Rindenschichte, die aus dicht gefügter Substantia compacta besteht, zeigt eine deutliche Auflagerung neuer periostaler Knochenschichten durch Apposition, wodurch eine eigenartige jahresringähnliche Großstruktur entsteht, die uns Rückschlüsse auf die Art der Entfaltung der kompakten Knochenmasse ziehen läßt. Wie schon erwähnt, vollzieht sich diese Auflagerung neuer periostaler Knochenschichten nicht so regelmäßig wie an den Knochen der Landsäugetiere, sondern vollkommen asymmetrisch unter dem Einfluß gewisser Druckverhältnisse, die seitens der luftgefüllten Lunge des unter Wasser lebenden Tieres auf das Brustkorbskelett ausgeübt werden. Auf diese Weise wird Knochenmasse auf der Innenseite der Rippe, wo das Periost unter dem ständigen Druck der Lunge steht, abgebaut und exzentrisch an der Außenseite derselben aufgelagert.

Die Substantia compacta besteht außer den typischen Knochenkanälchen und den relativ großen Knochenhöhlen aus einem System gröberer und weiter Kanäle, die sich dichotomisch verzweigen und ein die ganze Rindensubstanz durchziehendes Netzwerk bilden. Ihr Verlauf ist in den Rippen zum Großteil der Längsachse parallel, während er in den Dornfortsätzen der Wirbel mehr senkrecht zur Oberfläche gerichtet ist, meist aber vielfach gekreuzt erscheint. Diese Haversischen Kanäle, die den ganzen Knochen in reichlicher Anzahl durchsetzen, münden an der Oberfläche des Knochens. Sie haben bei den fossilen Seekühen einen relativ größeren Innendurchmesser und entsprechen mehr der Form, die dem Großbau der Säugetiere im allgemeinen eigen ist. Die Haversischen Kanäle werden von besonders kräftigen Grundlamellen konzentrisch umgeben, an deren Schichtlinien sich die Knochenhöhlen in eigenartiger Anordnung vorfinden. Diese erscheinen nämlich im Querschnitt immer aufgekantet, d. h. man sieht sie als schmale und längliche Gebilde, von denen eine Unzahl feinster und langer Knochenkanälchen ausgehen, die mit denen der Knochenhöhlen der folgenden Grundlamelle anastomosieren, ein Zustand, der auch noch bei erwachsenen Individuen anhält. In den Schaltlamellen werden sie jedoch in ihrer Fläche geschnitten und erscheinen daher in ihrer ganzen Flächenentwicklung als breitovale Gebilde (Tafel II, Fig. 6, Tafel III, Fig. 1).

Auch die Knochenhöhlen der Substantia compacta zeigen ein dem normalen Knochen entsprechendes Bild. Sie liegen, wie gesagt, mit ihren Längsachsen parallel zur Achse des Haversischen Kanals, u. zw. immer zwischen den einzelnen Lamellen, und sind der Wölbung dieser entsprechend auch selbst gebogen. Die Knochenhöhlen der interstitiellen Lamellen sind dagegen unregelmäßig im Knochengewebe verstreut und in bezug auf ihre Lage unabhängig. In der äußeren Grundlamelle liegen sie aber flächenparallel zur Oberfläche des Knochens.

Die Knochenkanälchen münden ebenso wie in allen übrigen Säugetierknochen frei in die Haversischen Kanäle wie auch an die Knochenoberfläche. Eigenartig ist nur die Art ihres Eintrittes in den Haversischen Kanal, denn dort, wo sie diesen erreichen, bildet sich eine winzige halbkugelförmige Erhebung an der Kanalwand, an deren Mitte sie münden. Es scheint sich um eine Art Stauvorrichtung zu handeln, um auf diese Weise die zahlreichen Knochenzellen besser zu ernähren (Tafel III, Fig. 1).

Ganz besonders auffallend sind die relativ kräftigen Resorptionslinien im Haversischen System, die sich meist durch sehr breite Kittlinien von ihrer Umgebung abgrenzen. Die zahlreichen Schaltlamellen sind als Reste Haversischer Lamellen aufzufassen, die zum Teil resorbiert und durch Apposition aus benachbarten Haversischen Räumen neu aufgebaut wurden. Andere Schaltlamellen sind Tangentialschnitte von Haversischen Lamellen, die als solche nicht schwer zu differenzieren sind. Noch bis in das vorgeschrittene Alter scheinen also auch bei den Sirenen, genauso wie bei allen anderen Säugetieren, sich Vorgänge der Auflösung und Neubildung im Knochengewebe abgespielt zu haben, eine Feststellung, die für unsere Überlegungen von ganz besonderer Wichtigkeit ist (Tafel I, Fig. 4—6, Tafel II,

Fig. 1—5). Aus der histologischen Untersuchung geht demnach einwandfrei hervor, daß auch die Sirenenknochen überall normales Knochengewebe darstellen und daß von einem Schwund der Haversischen Kanäle keine Rede sein kann. Mit dem leicht zu bringenden Nachweis jenes histologischen Befundes fallen nun die rein spekulativen Theorien, die ihren Höhepunkt in den Arbeiten SICKENBERG's fanden. Die Entwicklung eines normalen Knochengewebes, das sich gerade bei den Sirenen im Laufe ihrer Entwicklungsgeschichte immer mehr und mehr durch funktionelle Selbstgestaltung spezialisiert hat, um bestimmten Funktionsanforderungen gerecht zu werden, konnte damit auf eine natürliche, den Entwicklungsgesetzen entsprechende Basis gebracht werden.

Bei den Sirenen schwindet wohl die Hohlstruktur der meisten Rumpfknochen, da die spongiöse Substanz zum Großteil durch ein fast einheitliches kompaktes Knochengewebe ersetzt wird, das sich in bezug auf seine histologische Struktur dadurch von allen anderen Säugetieren unterscheidet, daß das Haversische Kanalsystem relativ stark erweitert ist. Wenngleich uns bei den Seekühen die Ursache dieser Erscheinung bekannt ist und in der Ponderosität zu suchen wäre, so wissen wir auch, daß selbst bei fortschreitender Domestikation, auf Grund der Bewegungsfreiheit bei Rindern und Schweinen, die Menge der Spongiosa oft ganz beträchtlich abnimmt (LOEWE).

Ganz neu für die histologische Struktur eines Säugetierknochens ist ein weitverzweigtes zweites Kanalsystem, dessen kavernöse und weite Hauptkanäle schon mit freiem Auge an den Bruchstellen der Rippen und an den ponderosen Wirbelfortsätzen zu erkennen sind und die dem Knochen ein, man könnte sagen, wurmstichiges Aussehen verleihen (Tafel I, Fig. 3). Dieses wundernetzartige System verzweigt sich in den interstitiellen Grund- und Schaltlamellen, ohne von konzentrischen Lamellen umgeben zu werden. Ihre Form der Verzweigung ist nicht dichotomisch wie etwa bei den Haversischen Kanälen, sondern es stellt ein vollkommen irreguläres und vielverzweigtes System dar, wo die Abzweigungsstellen erweitert oder selbst blasenförmig aufgetrieben sind (Tafel III, Fig. 3, Tafel IV, Fig. 1 und 2). Die mit freiem Auge sichtbaren Hauptkanäle, die einen Durchmesser bis zu $1/2$ mm aufweisen, sind meist kurz und kavernös. Sie senden oft von einem Punkte mehrere gröbere und auch feinere Verzweigungen aus, die dann ein wirres, netzförmiges Kanalsystem in den Grundlamellen bilden, in die Haversischen Lamellen aber nur vereinzelt eintreten, um eine Anastomose mit dem Osteonensystem herzustellen (Tafel III, Fig. 2), wobei ihr Durchmesser um ein bedeutendes noch geringer sein kann, als der des Haversischen Kanals. Dieses eigenartige zweite, baumförmige Kanalsystem der Sirenenknochen scheint phylogenetisch aus den Volkmannschen Kanälen abgeleitet zu sein, die als durchbohrende Kanäle kein eigenes Lamellensystem besitzen. Bei den Sirenen hat es sich ganz enorm entwickelt und umgibt die Haversischen Lamellen in Form eines dichten Netzwerkes (Tafel III, Fig. 3 bis 6). Ich glaube nun, daß es sich um eine Art Wundernetz handeln kann, denn bekanntlich zerfallen im rete mirabile die Arterien plötzlich in eine große Anzahl feiner Äste, die sich anderseits ebenso rasch wieder zu einem größeren Gefäß vereinen, ohne daß es dazwischen zur Bildung eines Kapillarnetzes kommt, genauso wie wir dies an jenem Kanalsystem der Sirenenknochen beobachten können. Bei den Cetaceen hat man an den Intercostalarterien Wundernetzbildungen feststellen können, die sich auch im Mediastinum und längs der Wirbelsäule bis zum Hals ausdehnen. Man hat sie bei den Cetaceen mit ihrem langandauernden Tauchvermögen, da dieses eine zeitweilige Sistierung der Atmung erfordert, in Zusammenhang gebracht. Zur Aufspeicherung von größeren Mengen von Sauerstoff wird auch eine größere Menge von Blut gebraucht, die in den weitverzweigten Wundernetzen Raum findet. Beweisend für meine diesbezügliche Annahme wäre auch die kavernöse Ausbildung der Hauptkanäle dieses bei den Sirenen auch in das Knochengewebe vorgedrungenen Wundernetzes, das über die sehr zahlreichen Ernährungslöcher an der Rippen- und Wirbeloberfläche gespeist wurde. Bei Tieren aber, wie bei den Sirenen, wo durch ihr vorwiegendes Unterwasserleben die Atmung nicht allein zeitweilig, sondern rhythmisch suspendiert werden muß, ist eine weit stärkere Entwicklung solcher blutspeichernder Gefäße sicher notwendig und daher nicht von der Hand zu weisen.

An verschiedenen Dünnschliffen kann man auch noch Reste von Markhöhlen erkennen, die von Spongiosa eingeschlossen werden. Solche Überreste der Substantia spongiosa zeigen ganz deutlich, daß sie nur aus Knochengewebe, nämlich Knochenhöhlen und Knochenkanälchen, bestehen und als Röhrenspongiosa zu bezeichnen wären, die typisch für Knochen mit starker einseitiger Beanspruchung ist. Die eigenartige exzentrische Lage des ehemaligen und durch Kompakta ersetzten Markraumes, habe ich schon früher erwähnt (Tafel IV, Fig. 3).

Die histologische Untersuchung der Sirenenknochen und speziell jener Skeletteile, die bei den fossilen und rezenten Seekühen angeblich eine merkwürdig eburne Veränderung ihrer Knochenstruktur im Sinne arrostischer Erscheinungen erfahren haben sollen, zeigt uns jedoch, daß dies auf keinen Fall den Tatsachen entspricht. Wir haben es in unserem Fall einwandfrei mit einem histologisch vollkommen **normalen Knochengewebe** zu tun, wie es im allgemeinen für Säugetiere charakteristisch ist, dessen Substantia compacta wohl zum Großteil die Spongiosa abgelöst und ersetzt hat, die unter strukturbedingenden mechanischen Gesetzen ihr Haversisches Kanalsystem ausgebildet haben und dieses mit konzentrischen Lamellen umgab. Die zwischen diesem System gelegenen Schaltlamellen ebenso wie die Grundlamellen bilden das interstitielle Knochengewebe und die Oberfläche. Die Lage und Form der Knochenhöhlen mit ihren Kanälchen stimmt absolut mit denen normal ausgebildeter Knochen der Säugetiere überein. Abweichend ist nur jenes sonderbare und besonders entwickelte und überaus vielverzweigte Netzwerk der Volkmannschen Kanäle, die funktionell einem Wundernetzsystem gleichkommen würden und die das Haversische System förmlich umspinnen. Es ist daher ausgeschlossen, die Sirenenknochen als eburn zu bezeichnen, charakterisiert sich doch die Substantia eburnea gerade durch das Fehlen von Knochenhöhlen und besteht doch nur aus einer sehr harten Grundsubstanz, die von feinsten querverlaufenden Kanälchen durchzogen wird (Tafel IV, Fig. 5), deren Zellelemente am Anfang dieser Röhrchen in der Zahnpulpa liegen, von wo aus sie ihre plasmatischen Ausläufer nach dem Knochengewebe entsenden. Auch von einer Osteosklerose oder auch Pachyostose kann gar keine Rède sein, sei es daß man diese Ausdrücke im pathologischen Sinn als krankhaft oder nach der von NOPCSA formulierten Definition einer Arrostie anwenden wolle.

Die zahlreichen und kräftigen Vasa nutritia, die über die Ernährungskanäle in den Knochen eintreten und die Haversischen Kanäle sowie das Netzwerk des rete mirabile vom Periost her mit Blut und Nerven versorgen, lassen vielmehr auf eine sehr rege physiologische Überfunktion, auf keinen Fall auf eine Unterfunktion des Knochengewebes schließen. Die histologische Untersuchung der Sirenenknochen konnte daher den Nachweis erbringen, daß der nur durch makroskopische Betrachtung festgestellte Schwund der Haversischen Kanäle usw., der jedwede Funktion des Knochengewebes unterbunden haben müßte und damit das Leben dieser Tiere ernstlich gefährdet hätte, nicht auf Richtigkeit beruht, weshalb die diesbezüglichen Theorien, wie sie die Arbeiten von NOPCSA, ABEL, SICKENBERG und SLIJPER bringen, als rein spekulativ abzulehnen sind.

Die Volums- und Gewichtszunahme des Skelettes, also die Ponderosität der Sirenenknochen, ist einzig und allein auf eine hochspezialisierte Anpassung dieser Tiere an das Leben **unter** dem Wasser zurückzuführen, da diese vom jeweiligen spezifischen Gewicht des Mediums abhängig sind, sei es daß es sich um Süß- oder Meerwasser handelt. Die Tatsache, daß bestimmte Körperteile, u. zw. zuerst die Brustwirbel und die Rippen, später auch die Lendenwirbel und selbst der Schädel ponderos werden, liegt in der Natur der fortschreitenden Anpassung an größere Tiefen, da dadurch in erster Linie dem vermehrten Auftrieb, der sich immer mehr und mehr vergrößert, das Gleichgewicht gehalten und schließlich soviel Ballast angesammelt wurde, damit das Tier mit einer bedeutenden Lungenvergrößerung ohne mechanisches Zutun in seinem wässerigen Medium untersinken konnte.

Wichtig für diese Deutung ist die Tatsache, daß der Markraum bei jugendlichen Tieren noch zum Teil vorhanden war und daß dieser erst mit fortschreitendem Alter von Substantia compacta so weit ausgefüllt wird, daß nur mehr kleinste Markinseln erhalten bleiben. Die ehemalige Größe des Markraumes ist jedoch noch angedeutet und kann mikroskopisch genau nachgewiesen werden.

Wenn wir nun die Dünnschliffe von Rippenquerschnitten vergleichend betrachten, so finden wir, daß bei *Halitherium pergense* der verlagerte Markraum relativ am größten ist und das Wundernetzsystem der Volkmannschen Kanäle mehr auf letzteren beschränkt, also bei weitem nicht so gut ausgebildet ist als bei den phylogenetisch jüngeren Arten, besonders *Halitherium Abeli* n. sp.

G. Die Lebensweise der Sirenen aus dem Linzer Becken

Die Untersuchungen der Sirenenreste aus dem engeren Gebiet des Linzer Beckens weisen nicht allein, wie dies uns die systematisch-anatomische Beschreibung des fossilen Materials gezeigt hat, eine ersichtliche Tendenz fortschreitender Entwicklung und Anpassung an einen ganz eigenartigen Lebensraum auf, sondern erlauben uns auch, Rückschlüsse auf ihre unter den Säugetieren einzig dastehende Lebensweise zu ziehen.

Mit jener fortschreitenden Anpassung an eine Lebensweise unter dem Wasser war es in erster Linie notwendig, die Atmung auf eine längere Zeit suspendieren zu können, um ein fortwährendes Auf- und Niedertauchen auf ein größtmögliches Minimum herabzusetzen. Denn die Sirenen ernähren sich ausschließlich von einer subaquatischen Vegetation, die auf weite Gebiete verbreitet in den seichten, meist küstennahen Zonen der Meere, der Flüsse und auch der Süßwasserseen wächst. Dieser Weg mußte jedoch über die tauchende Lebensweise, wie sie den meisten wasserbewohnenden Tieren eigen ist, eingeschlagen werden, die dabei flottierende Formen waren. Die Atempausen wurden folglich immer mehr und mehr verlängert. Sie liegen bei den lebenden Sirenen ungefähr zwischen 5 und 10 Minuten. Als weitere Folgeerscheinung tritt eine Vergrößerung der Lunge auf, die sich im Volumen des Thorax ausdrückt, der an und für sich durch das Wasserleben eine charakteristische Formgestaltung erhält, da natürlich auch die Art der Fortbewegung eine große Rolle spielt. Um den dadurch vermehrten Auftrieb auszugleichen, um das Tauchen nicht nur unter allzu großen mechanischen Anstrengungen zu ermöglichen, wird das spezifische Gewicht des Tierkörpers durch eine entsprechende Zunahme des Knochengewebes am passiven Skelett, das die Lungenregion umgibt, vermehrt. Das Schwererwerden des Sirenenskelettes, das mit einer Volumszunahme der Knochen zum Teil erreicht wird, ist mithin eine harmonische Tendenz der Anpassung, die natürlich auf keinen Fall die physiologische Funktion dieser Organe gefährdet, sondern im Gegenteil eine besondere Bedeutung erlangt.

Schon von NOPCSA hat ganz richtig bemerkt, daß diese Erscheinung nur bei den im Wasser lebenden Vertebratengruppen auftrete; sie wurde aber leider wegen vollkommener Unkenntnis des tatsächlichen histologischen Befundes mit pathologischen Erscheinungen, wie sie beim Menschen und bei Haustieren auftreten können, in Zusammenhang gebracht. Der Formulierung von NOPCSA's wäre eventuell noch zuzufügen, daß die Ponderosität bei lungenatmenden Vertebraten als physikalische Eignung auftreten kann, um dem Tier die Möglichkeit zu geben, ohne eigenes mechanisches Zutun im Medium trotz des vergrößerten Pulmonarraumes zu sinken.

Auch SICKENBERG beurteilt die Art des Auftretens der Ponderosität des Sirenenskelettes zum Teil nicht ganz unrichtig, wenn er sagt, daß diese scheinbar einem funktionellen Prinzip untergeordnet sei, so zwar, daß die Gebrauchsfähigkeit der einzelnen Organe niemals ernstlich damit in Frage gestellt würde. Wenn wir nun dem krankhaften Begriff der Pachyostose den einer durch höhere Spezialisation neuerworbenen Anpassung des Knochens durch normales periostales Dickenwachstum gleichsetzen und unter Osteosklerose eine durch mechanische Gesetze bedingte Strukturveränderung der Substantia spongiosa in kompakte Knochensubstanz verstehen, so wird es nicht notwendig sein, derart naturwidrige und komplizierte Begriffe für deren Erklärung zu suchen, wie etwa Störungsursachen durch eine abnormale Überfunktion inkretorischer Organe usw. (SICKENBERG).

Eine teilweise und auf ganz bestimmte Körperteile begrenzte Ossifikationsverzögerung, die sich ganz besonders am Hinterschädel der Sirenen bemerkbar macht, scheint, wie dies schon KÜKENTHAL (1891) nachzuweisen versuchte, nur von funktioneller Bedeutung zu sein, denn sie ist im allgemeinen für kurzhalsige Wasserbewohner unter den Säugetieren typisch und braucht deshalb noch lange nicht mit krankhaften Prozessen in Verbindung gebracht zu werden. Sie scheint vielmehr als Kompensation der sehr verkürzten Halswirbelsäule zu dienen, um die Flexibilität der Schädelverbindung mit dem Rumpfskelett auszugleichen, da sie sich eigentlich nur auf die Hinterhauptregion beschränkt, wo sich die großen Nackenbänder anheften.

Was die Ponderosität, also die Gewichtszunahme des Knochenskelettes betrifft, so läßt sich diese im Laufe der phylogenetischen Entwicklung der Sirenen stufenweise verfolgen. Primär war auf jeden Fall eine Volumszunahme, hervorgerufen durch ein vermehrtes periostales Dickenwachstum, aufgetreten. So findet sich diese bei *Prorastomus sirenoides* OW. aus dem Eozän in ihren Anfängen. *Protosiren fraasi* ABEL aus dem Mitteleozän besitzt einen ziemlich massiven Schädel, während das Rumpfskelett nur mäßig verdickt ist. Eine sichtbare Ponderosität tritt eigentlich erst bei *Eotheroides aegyptiacum* OW. und *Eotheroides abeli* SICKENBERG aus dem mittleren Eozän auf, wo der Schädel bereits sehr an Gewicht durch ein starkes Dickenwachstum der einzelnen Knochen und durch die Anreicherung kompakter Knochensubstanz auf Kosten der Substantia spongiosa zugenommen hat, während wir am Rumpfskelett, speziell an dessen vorderem Abschnitt, neben einem vermehrten Dickenwachstum auch ein Überhandnehmen der Kompakta beobachten können, ohne daß aber die Vorderextremitäten in diesen Prozeß einbezogen werden. Diese Entwicklung läßt sich dann noch weiter über *Eotheroides libycum* ANDR. und *E. stromeri* ABEL aus dem Obereozän weiter verfolgen und erreicht in *Halitherium Schinzi* KAUP aus dem mittleren Oligozän und den oberoligozänen Halitherien einen gewissen Höhepunkt. Wenngleich auch oft der Schädel relativ von geringerer Stärkenentwicklung auftritt, wie dies beispielsweise bei *H. Schinzi* und *H. pergense* der Fall ist, so finden wir, daß sich das Rumpfskelett dieser Sirenen durch eine besonders starke Ponderosität auszeichnet, eine Eigenschaft, die sie zu ausgesprochenen Meeresbewohnern stempelt. Durch das Aussüßen von Meeresarmen oder Binnenmeeren oder durch eine sekundäre Anpassung an das Süßwasserleben kann es bei den Sirenen zu einem teilweisen Rückgang der Ponderosität kommen, eben weil diese einzig und allein als Gleichgewichtsfaktor vom jeweilig spezifischen Gewicht des Mediums abhängig ist. Obwohl die miozänen und pliozänen Formen, wie *Metaxytherium* und *Felsinotherium* noch als Bewohner der Meere aufzufassen sind, scheint die mittelmiozäne Gattung *Miosiren kocki* DOLLO zum Teil auch ein Brackwasserbewohner gewesen zu sein, da bei dieser Sirene die Wirbel von leichterem Bau, die Rippen jedoch noch sehr dick und schwer sind. Bei der rezenten Gattung *Trichechus* (-,,Manatus"), ausgesprochene Süßwassertiere, finden wir trotz starker Ausbildung der kompakten Knochensubstanz ein im allgemeinen etwas schlankeres Rumpfskelett.

Wenn nun frühere Autoren, besonders SICKENBERG, die Ansicht vertreten, daß es sich im Werdegang der Sirenenentwicklung nicht um einen natürlich-normalen handelt, sondern annehmen, daß hier pathogene Faktoren, u. zw. inkretorische Störungen, am Werke waren, um einen Entwicklungsvorgang zu rechtfertigen, der bisher noch nicht bekannt war, so sollen meine Untersuchungen zeigen, daß dieser als Anpassung an eine ganz besondere Lebensweise auch seine Erklärung auf natürlichem Wege finden kann. Grundlegend für die richtige Beurteilung der Vorgänge einer so eigenartigen Skelettentwicklung konnten nur die Resultate der histologischen Untersuchung sein, die jedoch allen früheren Arbeiten fehlten. Nur aus dem feineren Aufbau des Knochengewebes läßt sich überhaupt erst dessen funktionelle Bedeutung erkennen und Rückschlüsse in physiologischer Hinsicht ziehen. Außerdem sind uns die Effekte mechanischer Insulten durch Druck und Stoß weitgehend bekannt, die mit einer Verstärkung der betreffenden Organe beantwortet werden.

Ähnliche Erscheinungen einer Ponderosität am Skelett treten auch bei anderen wasserbewohnenden Säugetieren auf, speziell bei einigen Familien und Arten der Cetaceen, wie z. B. bei Ziphiidae, Eurhinodelphidae, *Pachyacanthus, Dorudon* und anderen, eine Tatsache, die meine Annahme bestärkt, daß es sich bei diesen Walen auch um Formen handelt, die ihre flottierende Lebensweise aufgaben und sie durch ein tauchendes Unterwasserleben ersetzten, um eigentlich nur an die Wasseroberfläche zu kommen, um zu atmen.

Im Gegensatz zu den ausgesprochenen Tauchformen, die aus ihrem normalen flottierenden Zustand nur durch mechanische Arbeitsleistung unter Wasser gelangen können, ist es den Unterwasserformen, wie etwa den Sirenen, nur durch mechanische Arbeitsleistung möglich, aufzutauchen, da sie bei einer Suspension dieser, ihres höheren spezifischen Gewichts wegen, sogleich wieder absinken würden. Dieser wichtige Unterschied ist es eben, der die Sirenen von allen übrigen wasserbewohnenden Säugetieren auszeichnet, denn diese kommen nur, um ihre Luft zu erneuern oder wenn sie sattgefressen sind, an die Wasseroberfläche, um zu atmen, oder legen sich, um verdauen zu können, an geschützten Stellen an den Strand, wobei nur der Kopf über Wasser bleibt, der Körper aber unter dem Wasser liegt, also auch da nicht flottiert.

Bekannt ist ferner, daß sowohl im vorgeschrittenen Embryonalstadium als auch noch zum Teil beim Neonaten der Seekühe sich das Knochengewebe nach dem Normaltypus der Landsäugetiere entwickelt, daß also Substantia compacta und spongiosa noch in üblicher Form und Proportion ausgebildet werden, wodurch die Jungtiere, solange sie noch ausschließlich durch Muttermilch ernährt werden, ähnlich ihren Vorfahren eine überwiegend flottierende Lebensweise führen. Die Mutter taucht zum Säugen ihrer Jungen auf und treibt sie zum nahegelegenen Strand, um ihnen hier Nahrung zu geben, wie ich dies öfters bei *Manatus* im oberen Amazonasbecken beobachten konnte. Dann setzt relativ rasch die Entwicklung des ponderosen Skelettes ein. Der Knochen nimmt verhältnismäßig schnell durch Dickenwachstum und Abänderung seiner Spongiosa im kompakten Knochengewebe an Gewicht zu, eine Umbildung, die Hand in Hand mit dem Übergang zur definitiven Ernährungsform vor sich geht, indem die halberwachsenen Jungtiere gleich den Alten zu den Futterplätzen in die Tiefe absinken können. Es läßt sich somit durch den Ablauf der ontogenetischen Entwicklung der Sirenen eine weitere Bestätigung dafür erbringen, daß die vermehrte periostale Knochenentwicklung sowie die Ausfüllung der Markräume durch kompaktes Knochengewebe biologisch bedingte Erscheinungen sind, die einzig und allein auf die eigenartige Lebensweise dieser Tiere zurückzuführen wären und nichts gemein haben mit krankhaften Prozessen, seien sie nun Arrostie, Osteosklerose oder Pachyostose benannt worden oder gar als chronische Krankheitsform aufgefaßt worden, die sich auf Generationen verteilen und vererben soll.

H. Zusammenfassung

Eine Neubearbeitung der Sirenenreste aus den oberoligozänen (chattischen) Linzer Sanden des Linzer Beckens (Oberösterreich) in systematisch-phylogenetischer und morphologisch-anatomischer Hinsicht führte zur Ausscheidung folgender Arten:

Halitherium pergense (TOULA),
H. christoli FITZINGER und
H. abeli n. sp.

Nach dem Verfasser lassen sich innerhalb der Linzer Sande drei altersverschiedene Strandterrassen unterscheiden, die jeweils durch eine Sirenenart charakterisiert werden.

Eine histologische Untersuchung der Knochen führte zu dem Ergebnis, daß bei den tertiären Sirenen weder von einer Osteosklerose noch von einer Pachyostose oder Eburnität der Knochen gesprochen werden kann. Es handelt sich nach allem um eine Anpassung sekundär zum Wasserleben übergegangener Landwirbeltiere, die zu einer Verdichtung des Knochengewebes bei gleichzeitigem Verschwinden von Spongiosa und Markraum führt, für welche die Bezeichnung Ponderosität vorgeschlagen wird. Das Haversische Kanalsystem ist gut entwickelt; zugleich tritt eine sogenannte Wundernetzbildung im Knochen auf.

Die Ponderosität wird in Zusammenhang mit dem Unterwasserleben gebracht (passives Untertauchen, aktives Auftauchen).

I. Literatur

ABEL, O.: 1904. Die Sirenen der mediterranen Tertiärbildungen Österreichs. — Abh. geol. R.-Anst. *19*, Wien.
— 1905. Über Halitherium bellunense, eine Übergangsform zur Gattung Metaxytherium. — Jb. geol. R.-Anst. *55*, Wien.
— 1906. Die Milchmolaren der Sirenen. — N. Jb. Miner. etc., II, Stuttgart.
— 1913. Die eocänen Sirenen der Mittelmeerregion. I. Der Schädel von Eotherium aegyptiacum. — Palaeontographica *69*, Stuttgart.
— 1914. Die Vorfahren der Bartenwale. — Dschr. Akad. Wiss., math.-naturw. Kl. *90*, Wien.
— 1927. Lebensbilder aus der Tierwelt der Vorzeit. — 2. Aufl., Jena (Fischer).
EHRLICH, C.: 1855. Beiträge zur Paläontologie und Geognosie von Oberösterreich und Salzburg. — Ber. Mus. Linz *15*, Linz.
ELLENBERGER-BAUM, N.: 1943. Handbuch der vergleichenden Anatomie der Haustiere. — Berlin.
FITZINGER, L. J.: 1842. Bericht über die in den Sandlagern von Linz aufgefundenen Reste eines urweltlichen Säugers (Halitherium christoli). — Ber. Mus. Linz *6*, Linz.
GRILL, R. & SCHAFFER, F. X.: 1951. Die Molassezone. — In: SCHAFFER, F. X.: Geologie von Österreich. 2. Aufl. Wien (Deuticke).
HARTLAUB, C.: 1886. Über Manatherium delheidi, eine Sirene aus dem Oligozän Belgiens. — Zool. Jb. *1*, Jena.
HILZHEIMER, M.: 1915. Sirenen. — In: BREHM's Tierleben, Bd. *12*. Leipzig und Wien (Bibliograph. Institut).
HOFMANN, El.: 1944. Pflanzenreste aus dem Phosphoritvorkommen von Prambachkirchen in Oberdonau. — Palaeontograph. *88*, B, Stuttgart.
KELLOGG, R.: 1923. Description of two squalodonts. — Proc. U. S. Nation. Mus. *62*, Art. 16, Washington.
KOENIG, A.: 1911. Ein neuer Fund von Squalodon ehrlichi in den Linzer Sanden. — Mus. Ber. *60*, Linz.
LEPSIUS, G. R.: 1882. Halitherium schinzi, die fossile Sirene des Mainzer Beckens. — Abh. m.-rhein. geol. Ver. *1*, Darmstadt.
NOPCSA, F.: 1923. Vorläufige Notiz über die Pachyostose und Osteosklerose einiger mariner Wirbeltiere. — Anat. Anz. *56*, Leipzig.
SCHADLER, J.: 1944. Fundumstände und geologisches Alter der Pflanzenreste aus den Phosphoritvorkommen von Prambachkirchen in Oberdonau. — Palaeontographica *88*, B, Stuttgart.
SICKENBERG, O.: 1931. Morphologie und Stammesgeschichte der Sirenen. — Palaeobiologica *4*, Wien.
— 1934. Beiträge zur Kenntnis tertiärer Sirenen. — Mém. Mus. R. Hist. natur. Belgique *63*, Brüssel.
SIMPSON, G. G.: 1945. The principles of classification and a classification of mammals. — Bull. Amer. Mus. Natur. Hist. *85*, New York.
SLIJPER, E. J.: 1936. Die Cetaceen — vergleichend anatomisch und systematisch. — Haag.
TOULA, F.: 1899. Zwei Säugetierreste aus dem kristallisierten Sandstein von Wallsee in Niederösterreich und Perg in Oberösterreich. — N. Jb. Miner. etc., Beil. Bd. *12*, Stuttgart.
USSOW, J.: 1902. Über das Knochengerüst der Haussäugetiere. — Arch. f. Tierheilkde. *28*.
WEBER, M.: 1928/29. Die Säugetiere. — 2 Bände. Jena (Fischer).

Manuskript abgeschlossen am 20. Februar 1947.

Erklärung der Tafelbilder.

Tafel I, Fig. 1: *Halitherium Abeli* spec. nov. Lupenaufnahme der Rippenoberfläche. 16·5× vergr. Viele Ernährungslöcher und tiefe Gefäßrinnen geben dem Knochen eine eigenartig rauhe Oberfläche.

Tafel I, Fig. 2: *Halitherium Abeli* spec. nov. Lupenaufnahme der Rippenoberfläche. 16·5× vergr. Sternförmige Anordnung der Gefäßrinnen um die Ernährungslöcher.

Tafel I, Fig. 3: *Halitherium Abeli* spec. nov. 16·5× vergr. Lupenaufnahme eines transversalen Rippenbruchstückes. Die großen Öffnungen im Knochengewebe entsprechen den kavernenartigen Räumen des Wundernetzsystems, das den ganzen Knochen durchzieht.

Tafel I, Fig. 4: *Halitherium Abeli* spec. nov. 66× vergr. Mikroaufnahme einer Rippe im Querschnitt. Haversische Kanäle mit zahlreichen Anastomosen; Haversische und Schaltlamellen in normaler Ausbildung.

Tafel I, Fig. 5: *Halitherium Abeli* spec. nov. 66× vergr. Mikroaufnahme einer Rippe im Querschnitt. Haversische Kanäle; Haversische Lamellen und Schaltlamellen.

Tafel I, Fig. 6: *Halitherium Abeli* spec. nov. 66× vergr. Mikroaufnahme einer Rippe im Querschnitt. Haversisches System mit engen und weiten Kanälen.

Tafel II, Fig. 1: *Halitherium Abeli* spec. nov. 165× vergr. Mikroaufnahme einer Rippe im Querschnitt. Haversische Lamellen mit Knochenhöhlen und Knochenkanälchen.

Tafel II, Fig. 2: *Halitherium Abeli* spec. nov. 33× vergr. Mikroaufnahme einer Rippe im Schrägschnitt. Haversisches System mit starken Schaltlamellen.

Tafel II, Fig. 3: *Halitherium Abeli* spec. nov. 66× vergr. Mikroaufnahme einer Rippe im Schrägschnitt. Haversischer Kanal im Längsschnitt und Querschnitt mit Verzweigungen.

Tafel II, Fig. 4: *Halitherium Abeli* spec. nov. 66× vergr. Mikroaufnahme des Humerus im Längsschnitt. Haversische Kanäle und Lamellen im Längsschnitt, mit Verzweigungen. Beobachte die sehr reichlichen und starken Knochenhöhlen.

Tafel II, Fig. 5: *Halitherium Abeli* spec. nov. 66× vergr. Mikroaufnahme des Humerus im Längsschnitt. Haversische Kanäle im Längsschnitt mit kräftigen Anastomosen.

Tafel II, Fig. 6: *Halitherium Abeli* spec. nov. 600× vergr. Mikroaufnahme einer Rippe im Schrägschnitt. Haversische Lamellen mit Knochenhöhlen und Knochenkanälchen.

Tafel III, Fig. 1: *Halitherium Abeli* spec. nov. 600× vergr. Mikroaufnahme einer Rippe im Längsschnitt. Haversisches System mit Kanal, Haversischen Lamellen, Knochenhöhlen und Knochenkanälchen. Beobachte die Form der Einmündung der Knochenkanälchen in den Haversischen Kanal, wo letzterer pustelförmige Erhebungen aufweist.

Tafel III, Fig. 2: *Halitherium Abeli* spec. nov. 100× vergr. Mikroaufnahme einer Rippe im Querschnitt. Haversische Kanäle treten mit dem Wundernetzsystem in Verbindung.

Tafel III, Fig. 3: *Halitherium Abeli* spec. nov. 165× vergr. Mikroaufnahme einer Rippe im Querschnitt. Das Wundernetzsystem umspinnt die Haversischen Kanalsysteme und tritt mit diesen in Verbindung.

Tafel III, Fig. 4: *Halitherium Abeli* spec. nov. 100× vergr. Mikroaufnahme einer Rippe im Querschnitt. Haversische Kanäle und Verzweigungen des Wundernetzsystems.

Tafel III, Fig. 5: *Halitherium Abeli* spec. nov. 66× vergr. Mikroaufnahme einer Rippe im Querschnitt. Die feineren Verzweigungen des Wundernetzsystems.

Tafel III, Fig. 6: *Halitherium Abeli* spec. nov. 66× vergr. Mikroaufnahme einer Rippe im Schrägschnitt. Die feineren Verzweigungen des Wundernetzsystems.

Tafel IV, Fig. 1: *Halitherium Abeli* spec. nov. 33× vergr. Mikroaufnahme eines Schnittes durch den Dornfortsatz des Brustwirbels. Die feineren Verzweigungen des Wundernetzsystems.

Tafel IV, Fig. 2: *Halitherium Abeli* spec. nov. 33× vergr. Mikroaufnahme einer Rippe im Schrägschnitt. Die Hauptkanäle des Wundernetzsystems und ihre typische Verzweigungsform.

Tafel IV, Fig. 3: *Halitherium Abeli* spec. nov. 33× vergr. Mikroaufnahme eines Dornfortsatzes der Brustwirbel im Querschnitt. Zentraler Teil des Knochens mit Resten von Markräumen.

Tafel IV, Fig. 4: *Halitherium Abeli* spec. nov. 165× vergr. Mikroaufnahme einer Rippe im Querschnitt. Dendritenbildungen an den feinsten Verzweigungen der Haversischen Kanäle.

Tafel IV, Fig. 5: *Elephas maximus L.* 100× vergr. Mikroaufnahme des zentralen Teiles eines Stoßzahnes im Querschnitt. Eburne Struktur des Elfenbeins (Dentin).

Tafel IV, Fig. 6: Die abgestürzte Bank (1) des Prallufers in der Jungbauern-Sandgrube. Links unter dieser Bank liegen noch die älteren, eisen- und manganschüssigen und etwas verhärteten Sande (2) der mittleren Strandterrasse. Darüber rechts die jüngeren, weißen Linzer Sande (3).

Tafel I

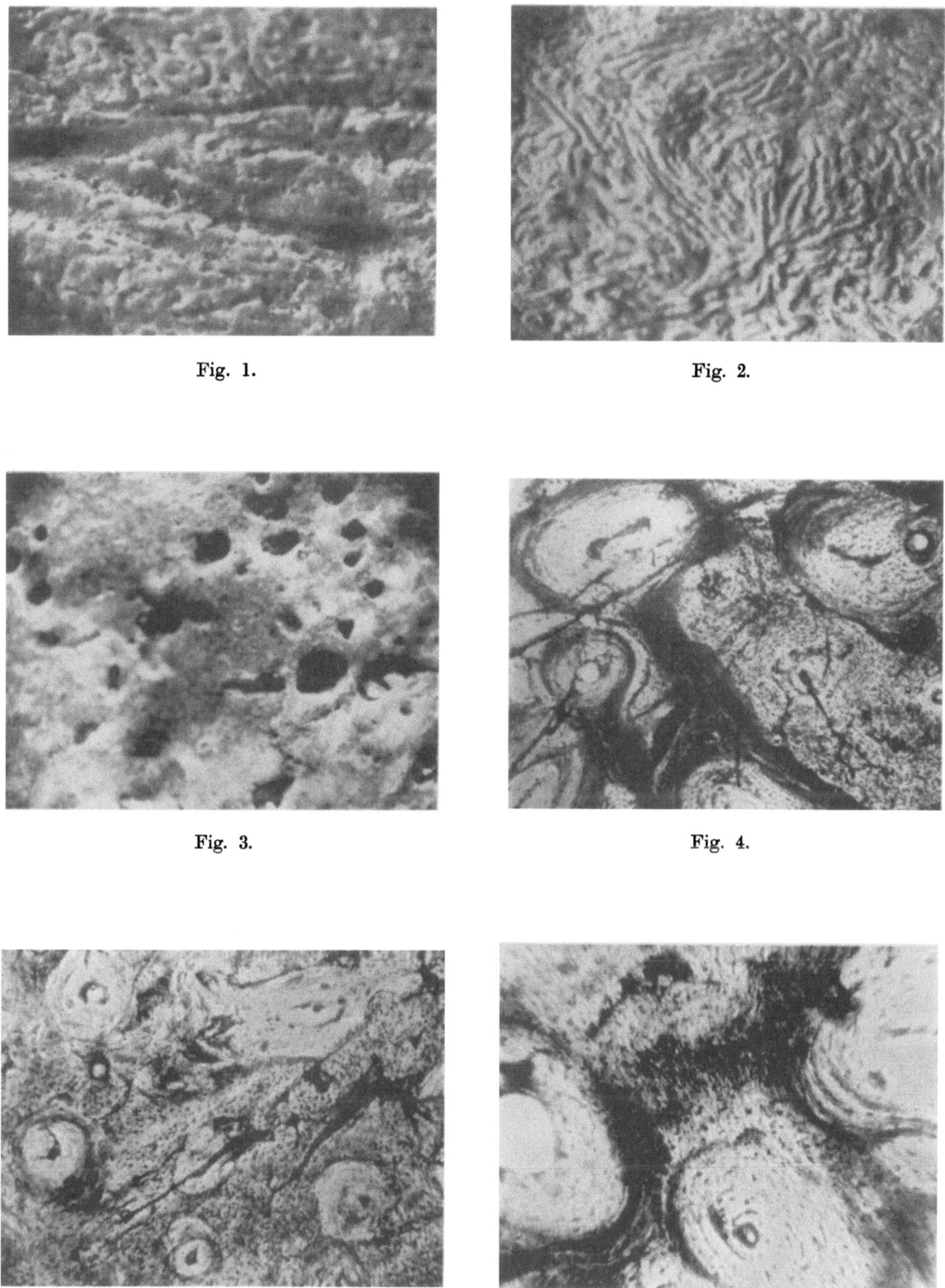

Fig. 1.

Fig. 2.

Fig. 3.

Fig. 4.

Fig. 5.

Fig. 6.

Tafel II

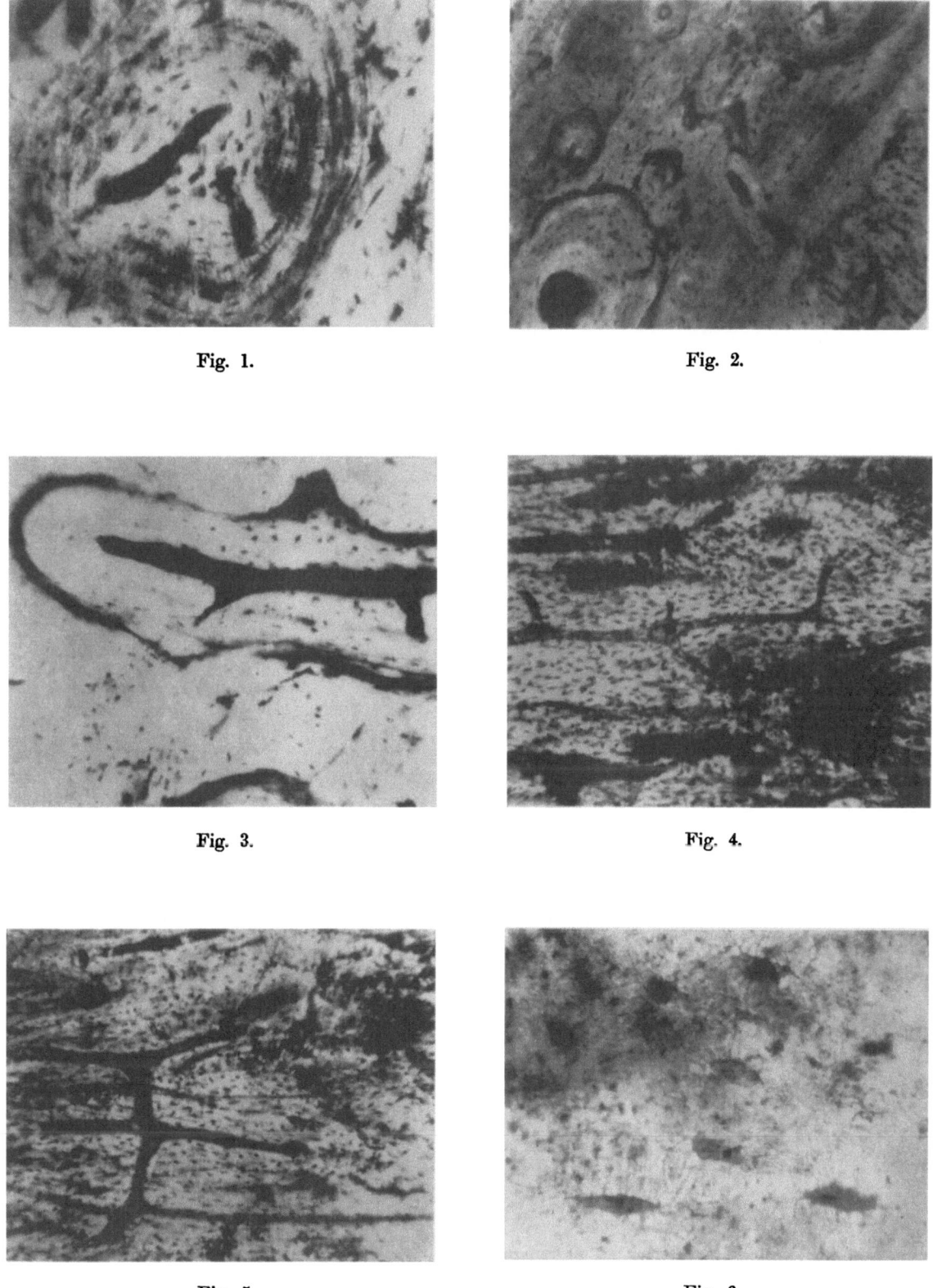

Fig. 1.

Fig. 2.

Fig. 3.

Fig. 4.

Fig. 5.

Fig. 6.

Tafel III.

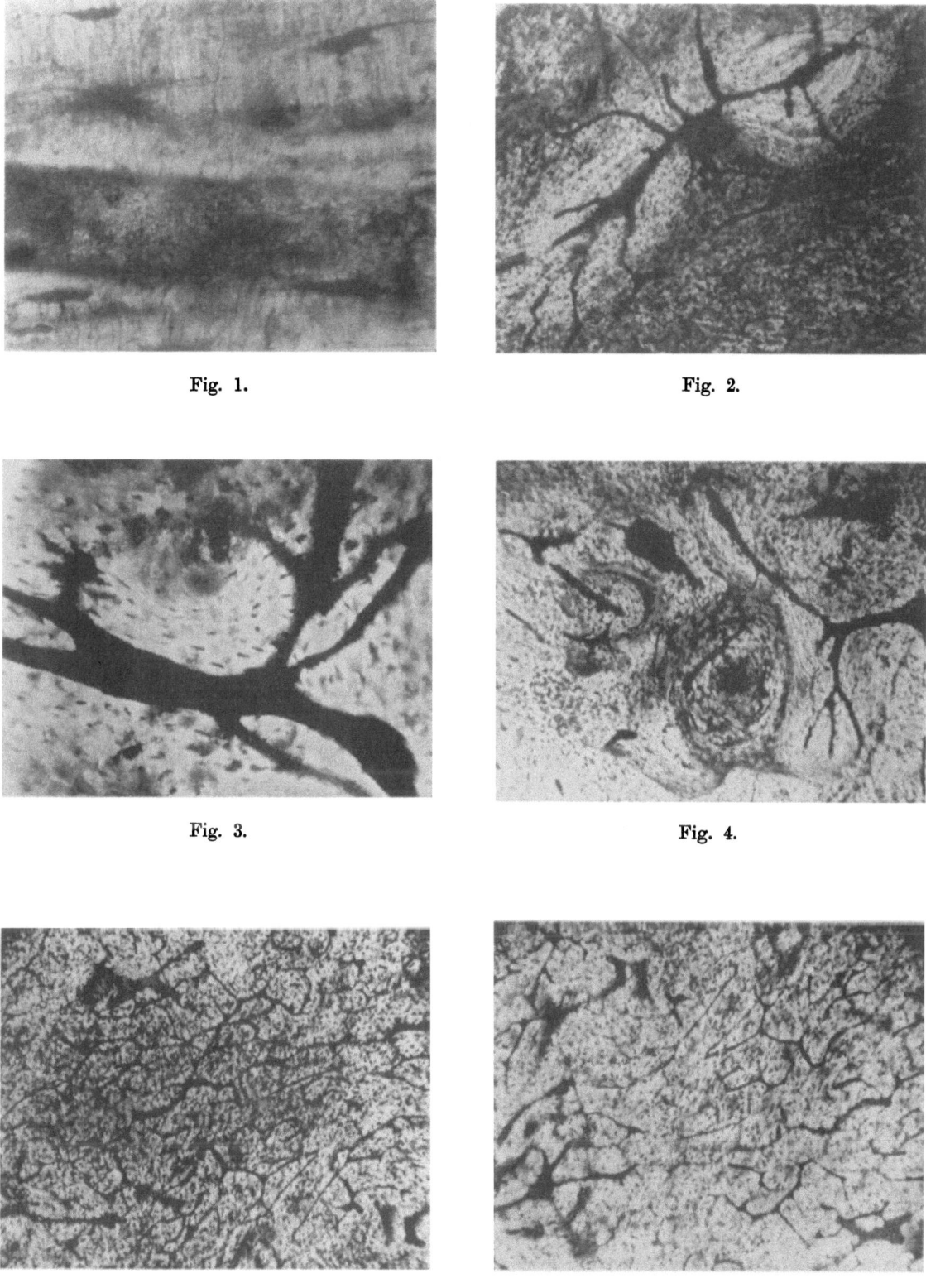

Fig. 1.

Fig. 2.

Fig. 3.

Fig. 4.

Fig. 5.

Fig. 6.

Tafel IV

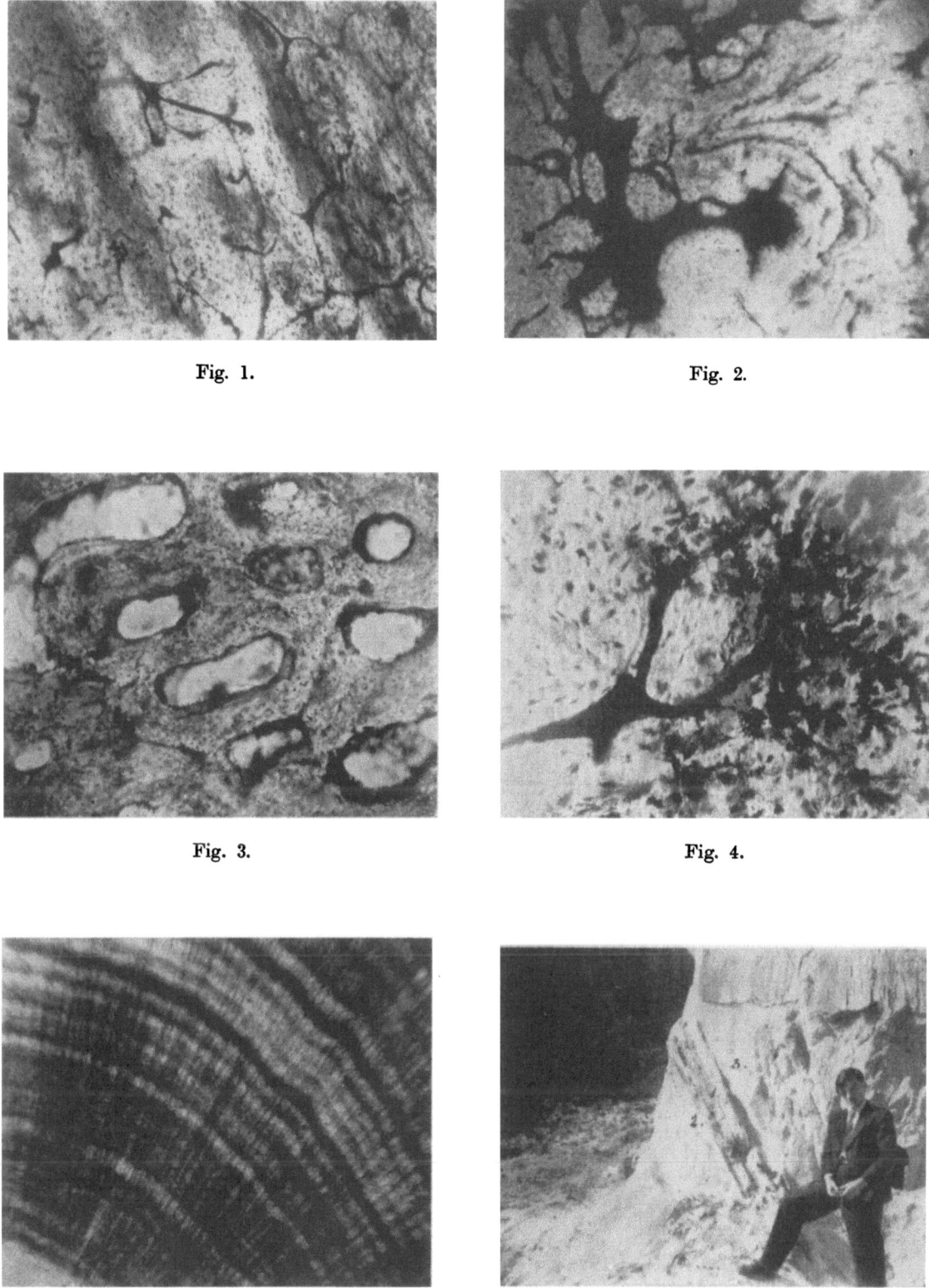

Fig. 1.

Fig. 2.

Fig. 3.

Fig. 4.

Fig. 5.

Fig. 6.

If you have any concerns about our products,
you can contact us on
ProductSafety@springernature.com

In case Publisher is established outside the EU,
the EU authorized representative is:
**Springer Nature Customer Service Center GmbH
Europaplatz 3, 69115 Heidelberg, Germany**

Printed by Libri Plureos GmbH
in Hamburg, Germany